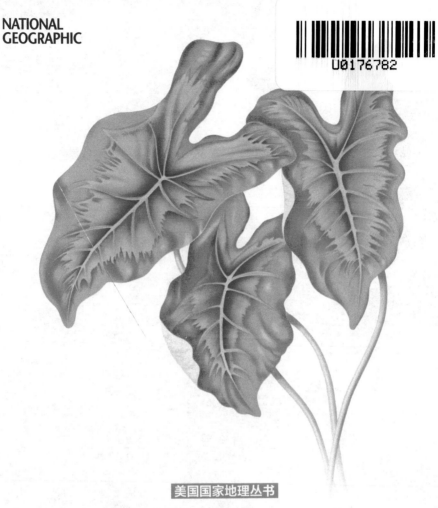

NATIONAL GEOGRAPHIC

美国国家地理丛书

FLORA MIRABILIS

植物传奇

改变世界的 27 种植物

How Plants Have Shaped World Knowledge,
Health, Wealth, and Beauty

【美】凯瑟琳·赫伯特·豪威尔（Catherine Herbert Howell） 著

【美】彼得·汉·雷文（Peter H. Raven） 作序

明冠华 李春丽 译 刘全儒 审校

人民邮电出版社

北京

内容提要

　　人类已经在地球上生活了200万年，我们一直对植物充满着浓厚的兴趣，因为植物直接或者间接地为我们提供着食物。 在各个文明的早期，人们都在努力尝试探索和开发植物的价值，比如用于治疗疾病、纺织衣物等。 人们也曾因为香料远航世界各地，甚至不惜发动战争，并因此发现了新大陆。 但是，直到最近我们才开始理解植物何其伟大，才从更深层面理解人类与植物的关系。

　　本书由美国国家地理学会和密苏里植物园联合出品，按照起源、发现、探索、启蒙、帝国和科学6个阶段，系统介绍了人类发现和利用植物的历史。 我们也可以从中了解到植物猎人和植物探险活动如何影响不同地区之间植物物种的交流，以及植物学家和相关人员为保护地球物种的多样性而付出的努力。

　　本书可供对植物及历史感兴趣的读者阅读。

Pl. XII.

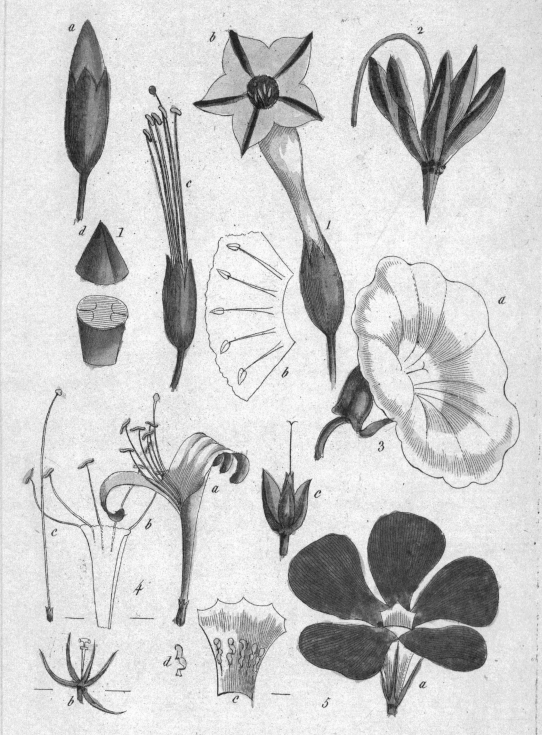

J. Aubry sculp.

目录

对页图：1789年法国植物学书籍中的花结构图解。前页图：由东印度公司的植物学家威廉·罗克斯堡采集、印度艺术家绘制的多年生藤本植物。后页图：吊灯百合，于1789年从南非引种到欧洲。

Amaryllis Josephinæ.

Amaryllis de Josephine.

Lemaire sculp.

序

植物如何塑造我们的世界

彼得·汉·雷文博士

美国密苏里植物园园长

人类在地球上已经生活了两百万年，与动物、植物、菌类和微生物有着密切的联系，而这些生物在地球上已经存活了数十亿年，它们的活动也在影响着人类祖先的生存环境。当然，人类还要依赖这些生物体来维持生活。大约在10500年前，人类与其他生物的关系发生了重大的变化，我们的祖先开始将植物培育成作物，这样食物来源就能得以保证，即便遇到气候不宜的季节也能度过艰难时期。作物也为人类不断繁衍后代以及建立起村庄、城镇和大城市奠定了基础，继而现代化文明才发展起来。

从作物和家畜成为人类的主要食物来源算起，虽然只经历了400代人，但是人口却从几百万增长到约70亿；同时我们对地球资源的支配也威胁到了人类未来生活的品质，以及那些共同生活在这个世界上的其他生物。

大约5000年前，人类文明的中心出现了文字，人们开始能够记录思想、生活的意义以及复杂的事情，当然也有日常生活

来自非洲和南美洲的蝴蝶正在"拜访"澳大利亚的文殊兰花。（上图）
更逼真的一幅作品，蝴蝶和星形朱顶红都来自巴西。（对页）

的记录。植物的名字和用途也被用古代希腊文字和罗马文字记载下来，人们手抄那些原稿，以至于插图部分常常会在多次誊抄之后难以辨识原貌，失去了它们的价值。

但这些年来不断进步的技术使得它们变成了精美的艺术品，就像本书中呈现的这些插图一样。

当欧洲引入活字印刷术后，书籍有了大量的复制品，这让比对不同地域的植物成为了可能。在17世纪末期，百科全书逐渐盛行，也促使着现今使用的分类系统的诞生。正如本书插图所示，欧洲的探险家们跨越欧亚大陆，抵达了北美洲和南美洲，也到达了太平洋岛屿、澳大利亚和新西兰。到处都能看到新植物装饰在欧洲人的窗台上和花园里，这些植物的新发现激动人心，也推动了植物艺术的发展。同时，对香料、药物、糖等许多植物产品的渴望刺激了人们远航探险，也促使了后来人们对全世界资源的不断开采和进一步利用。

人类对植物一直充满着浓厚的兴趣并

AMARYLLIS PROCATA.
PAPILIO NESTOR BRAZIL.

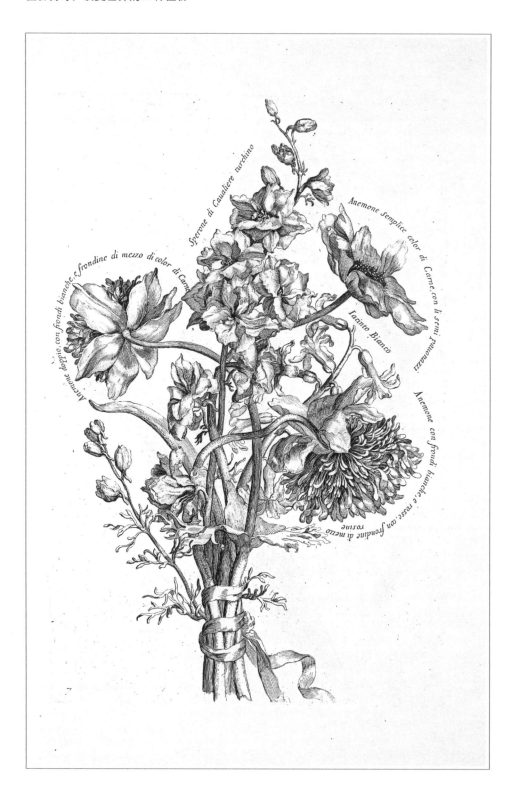

不令人惊讶，因为植物直接或间接地在为我们提供着食物。人体消耗的热量90%都是由栽培的作物提供的，这些作物数量多达上百种，诸如玉米、水稻和小麦，单独一种就能提供超过60%的热量。大约有11%的陆地面积被用于开发耕种作物，其中一些土地保持着较好的可持续发展形式。世界上有2/3的人还将植物直接作为药材，包括那些从现代药房取药的人们。有一半的药物与植物有着间接的生物渊源，或者是从植物中提取的。有许多药物还未曾被人类发现，而且在这个知识被迅速遗忘的时代，许多传统知识也亟待人们去发现和分享。

直到最近我们才开始理解植物何其伟大，它们为我们提供的这些服务就像脊柱一般支撑着整个生态系统，植物控制着排水系统，守护着土壤不被流失，通过授粉让昆虫的生命得以延续，诸如此类"服务"还有许多许多。更值得一提的是，植物的美为我们的生活增彩生辉。纵观人类历史，它们收获无数赞誉。如此这般分析来看，当人们赞美房间内和花园里的植物、描绘它们的独特之美时，这些都是无足惊讶的事了。

今天，全球可持续发展是人们一直在探索的领域，植物又一次进入研究者们的视线。我们希冀能够寻找到一种生活方式，不危及子孙后代以及共同生活在这个世界上的千千万万生物的需求。我们目前大约消耗掉了世界合理生产量的125%，即便是如此过度消耗，仍有约10亿人还食不果腹，

银莲花、风信子和飞燕草被编在同一枝花束里。（对页图）
梨的不同品种各有特色。（上图）

占据世界人口的1/7。其中有1亿人随时都有可能濒临死亡，或者患有饥饿带来的并发症。鉴于此，我们必须更加深入地了解植物和其他生物，帮助人类开启崭新的时代。那时，人们将不必为有限的土地资源被过度消耗而担忧；那时，人人都能过上健康生活而不受饥饿困扰；那时，未来的子孙们将享有与祖先同等的开发机会，享受更为精彩的生活。当认识到地球正在超负荷地为人类提供生活所需时，我们要更好地了解自然，从自然中找寻那些在未来也能供养我们的资源。

密苏里植物园是一家卓越的机构，收藏了许多世界一流的植物标本和文献资料。自1859年向外界打开大门，它就将植物的美妙和趣味展现给公众。1893年，爱德华·斯特蒂文特将自己收藏的书籍捐献给了密苏里植物园，这些书籍堪称古董，它们的出版时间早于林奈时期，范围涉及药用植物、农业、可食用植物以及具有其他价值的植物。爱德华的捐赠丰富了园内的书籍藏本，他也希望这些书籍能够实现更大的价值。20世纪随着世界人口猛增、消耗膨胀以及污染的广泛扩散，密苏里植物园和美国国家地理学会对环境保护也倾注了越来越多的关注。人类居住在地球这座伊甸园内，我们自当负起全责，让地球生态环境的美丽容颜能够长存。今天我们在本书丰富的插图中欣赏到了植物之美，希望在未来的生活中还能一睹其芳容。

前言

在历史的长河中描绘植物

道格拉斯·霍兰德

美国密苏里植物园图书馆馆长

植物推动了人类文明的发展，帝国后花园内的植物丰富而又顽强，仿佛是一个安静的王国，它们目睹着眼前的伟大帝国兴起而又衰落。早期出版的一些花谱奢侈又昂贵，不仅开本较大，而且常常采用手工着色，向人们展示了当时世界各地流行的植物藏品。随着启蒙运动的兴起以及现代科技的发展，花谱的光芒渐渐消退，植物作品变得更为严格而精密，人们试图将某一地域的所有植物都描绘出来，并且根据其种属进行分类。

植物绘画的传统

尽管各有千秋，但每本书都可以称为《植物传奇》——关于植物的传奇之书，而本书为植物的悠久历史文化又增添了光彩。本书原著是由美国国家地理学会和密苏里植物园合作发行的作品，对于那些希望通过阅读传奇故事来探索植物历史的读者来说，这也是一本理想的图书。密苏里植物园图书馆努力成为储藏植物知识的宝库，致力于研究植物的发现、用途以及贡献。本书中的图片主要源于馆内藏书中的植物插图，故事叙述与视觉艺术相融合，引领读者穿越多个世纪，回

罂粟花几乎完全背向人们，隐藏着它的容颜。这是法国植物画家皮埃尔-约瑟夫·雷杜德所绘的一幅罂粟花图画，是他为1803年的《怀旧图集》选取的144张图画中的一张。（对页图）

看人类痴迷于绿色植物的历史。

尽管植物绘画已有悠久的历史，但主要目的还是帮助观赏者们来鉴别植物，这些观赏者中有植物学家、医生、博物学者以及热情的园丁。对于科学家而言，信息的准确度是至关重要的，尤其是当他们想赋予植物一个准确的名字，或者想对植物进行一番描述时。而对于草药医师或者内科医师来说，准确性更是关乎生死，无论是为病人开处方还是医治误食了有毒蘑菇或野草的病人。

绘画的价值通常超越了实用性和科学性，还兼具美学价值。精美的素材和灵巧的手法也将植物绘画作品带入了艺术领域，这在本书中已得到清晰的呈现。本书中的植物绘画年代跨度较大，最早可见15世纪的木版画，继而是16～18世纪的凹版和雕版版画，再就是19和20世纪平面印刷的华丽彩色画。如今，在摄影技术和数码影像的对比之下，这些印刷品显得有些老旧，但是手工绘制植物插图并没有被完全取代。线描在许多描述植物物种的科学绘画中依然可见，熟练的植物艺术家们将细节呈现得清晰无比，远远胜过那些高分辨率的相

Pavot.   Papaver

P. J. Redouté. _ 13.   Langlois.

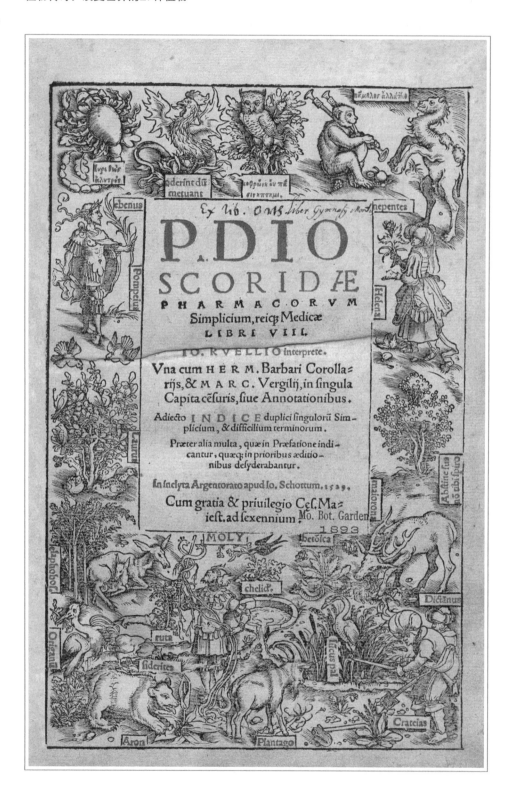

机。比如花冠上的绒毛和叶子背面的细节，它们通常会躲开相机的视线，但是却难逃艺术家的眼睛。在手绘图谱中，艺术家们通常会将这些特定部位的光感高亮化，以使它们能得到清晰的呈现。

艺术与科学

本书中引用到的一些早期绘画作品源自《健康花园》这本书，它是1487年在德国印刷出版的药用植物学纲要。尽管这本早期的植物百科全书看起来有些单调和程式化，但仍然代表了中世纪的重大改进。

古代的手稿被煞费苦心地手工复制或者再复制，这也意味着错误会悄然混入其中而变成持久的缺憾。中世纪后期，在迪奥斯科里德斯的《药物论》一书的各种复印本中，充斥着大量的谬误和稀奇古怪的注释。与1300年前第一次编辑出版的《药物论》相比，有许多植物因注解的错误或过分简化而无法辨认了。

《健康花园》的匿名作者在序言中明确申明，他放弃直接复制早期作品中插图的方式。他的书中的植物插图应当是根据当地的鲜活植物画出来的，"就像植物自身一样，用真实的颜色和样子来呈现"。在植物绘画中也能瞧见民俗学的影子，比如对于曼德拉草根的描绘就使用了拟人化的手

几个世纪以来，草药医师们都依赖希腊医生迪奥斯科里德斯留下的一些信息。（对页图）
安第斯山脉的一种蕨类，可以治疗风湿病和支气管炎。（上图）

法，分别用雌性和雄性的形式来表现，这是在植物作品印刷时代的开始时期。

很快就有新作品超越了《健康花园》，那就是1530年奥拓·布鲁奈尔出版的《植物的生命意象》和1545年雷奥哈德·富克斯出版的《植物生长的历史》。尽管布鲁奈尔的作品中含有许多错误（多数是由于他对植物地理学缺乏基本的认知），然而其插图却是源于生活的。植物艺术家汉斯·维迪兹第一次用十分精确的手法描绘了植物，栩栩如生地展现了植物的花和根的结构细节和透视图，这在植物学的文献引用中是前所未有的。

富克斯也沿用了同样的描绘细节和体现精确度的原则，他亲自监督这本厚达900多页、包含有511幅插图的"巨作"的诞生。富克斯十分重视插图以及它们的创作者，在书的最后展示了插图绘制团队的3名成员的肖像，他们分别是法伊特·鲁道夫·司柏科、阿尔布里奇·麦尔和海因里希·菲尔莫尔。

富克斯团队的肖像表明早期的植物绘画通常是由艺匠们共同创造出来的，而非一名艺术家的贡献。为了这本书，首先，麦尔要用精妙的笔法将鲜活的植物画出来；然后，菲尔莫尔将其刻制在木版上，将最初的艺术品转化成合适的媒介形式；最后，司柏科利用工具将植物影像在木版上生动地雕刻

出来。司柏科是当时德国最出色的木版画艺术家之一。植物绘画真正成为了一项团队合作的成果，这意味着从最初的植物观察到最终的植物成像历经了好几个环节。

1592年，一项新的印刷技术促使了植物绘画的变革，比如费比乌斯·科勒姆的《植物的拷问》中的许多插图都是用蚀刻铜版的方法印刷出来的，这些蚀刻铜版使用了凹雕工艺。在凹雕时，艺术家先将植物的图像草稿刻在表层涂有树脂或蜡的铜版上，铜版随后会被浸没在酸液中，酸液会沿着影像的线条侵蚀铜版，图像就雕刻而成了。随后沿着雕刻的线条涂敷油墨，当将纸张覆盖在铜版上时，图像就复制而成了。这比木雕要容易得多，凹雕还带来更加出色的线条和细节表现效果。利用类似的雕刻技术，能得到清晰的植物图像，但是它们过于复杂，需要经过多年练习才能掌握。

这些插图印刷新技术的发展与世界各地植物的大量发现碰巧吻合，这也促使了欧洲的学者和业余植物爱好者进行深入探究，希望能创建植物学的帝国，也推动了植物研究中科学性需求的大爆炸。1665年，罗伯特·胡克用他那独特的图谱《显微术》震撼了学术界，他开创了一个全新的微观世界，描绘了在原始显微镜下看到的情景。他书中的那些植物、昆虫、霉菌、真菌等图像有时看起来硕大，有时又有令人难以置信的细节。胡克在《显微术》中大概也有

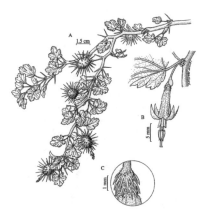

3位艺术家在为雷奥哈德·富克斯书中的草本植物绘图。（对页图）
每个人单独负责一项任务，错误也会悄然混入其中。现在的艺术家们都是从生活中进行取材的。（上图）

几幅亲手绘制的图像和蚀刻作品。随着铜版蚀刻变得容易掌握，像胡克这样的博物学家摇身一变跻身艺术界，打破了艺术创作和科学研究独立进行的模式。

《显微术》中的奇妙景象既需要天赋，还需要技能，这二者都是不可被低估的。胡克是个天资聪颖的人，他既是数学家、建筑师，也是生物学家。他还发明了一种奇妙的工具，或者至少做出了很大的改进，从而使得他能够更深入地窥视到微观世界。

崭新的世界植物学

马克·凯茨比凭借着《卡罗来纳、佛罗里达和巴哈马群岛博物志》这套两卷本著作将艺术家和博物学家的角色带入到新的高度。从1731年到1743年，这部著作的完成共耗时12年。最初受雇于伦敦皇家学会，凯茨比在美洲殖民地的东南部一带进行探索。他负责将收集到的动植物标本送给他的赞助人。他一边收取费用，一边开始为他所见到的动植物绘制草图。最终，他明确了自己追寻的目标应当是用艺术的眼光见证美洲野生生物的多样性和美丽，而不仅仅是获取标本。

1726年，凯茨比重返英国后开始认真地创作这部博物学著作，因为没有经济支撑，他必须亲自做许多工作。这项庞大的工程耗费了他近20年的时间。这部两卷本著作大概印了180套，每一套都包含有220

幅插图，总共有近4万幅插图需要印刷和上色。

贝特曼的兰花作品非常惊人：共有40幅，每一幅都有75厘米那么高。漫画家乔治·克鲁克香克讽刺它们是"图书管理员的噩梦"。

凯茨比的著作和艺术风格轰动一时，有着浓郁的民间气息，但却极富鲜活的生命力。他笔下的那些动植物并不是孤立存在的，而是正如它们在大自然中一样，与其他生物相互依赖地生存着。显然，一个新的时代已经开启。尽管现代的人们对于凯茨比所知甚少，但他对于博物学的影响是巨大的，后来的博物学者们都在追随着他的足迹，比如一个世纪之后创作出《美洲鸟类》的约翰·詹姆斯·奥杜邦。

科学塑造了艺术

科技的发展以及艺术的革新重塑了植物学著作。卡尔·林奈的植物分类学运动就是在这样的时代背景下产生的，植物花朵的细节呈现得越来越清楚，比如花瓣、花药、柱头以及植物的其他部分，这使得植物分类变得极为重要。1735年出版的《自然系统》和1753年出版的《植物种志》直接启发着下个世纪许多重要植物学著作的出版，比如罗伯特·桑顿的《卡尔·冯·林奈的植物性系统新解》。

桑顿1807年著作的前两部分引用了林奈关于植物分类的许多理论，并介绍了一些他自己特别研究的、不为人们所熟知的植物。第三部分《花之神殿》包含华丽的手工雕刻和上色的植物画作，这正是能让他的作品在植物学著作中显赫的原因。这些篇幅巨大的华丽著作通常需要数年或者数十年的工夫才能创作出来。桑顿花费了8年多的时间来完成这部巨著，为了满足耐心的读者们，他将其分成几个部分分别出版。无可厚非，这是最壮观的植物学著作之一，深受收藏家们的喜爱。不幸的是，战争时期的经济颓靡和公众品位的变化使得桑顿难以弥补他创作时的花费,他再次将作品以普通版本印刷出版,但赚来的钱也仅仅够他维持生计,以至于他在临死之际几乎身无分文。

皮埃尔-约瑟夫·雷杜德可以称为巴洛克植物插画最具代表性的人物,他深受林奈分类学的启发,留下了许多经典作品,比如以8开形式出版的《百合图谱》。他画出了百合家族的所有成员,至少是在他那个时期所能收集到的所有百合花。为绘画所需,他用到了约瑟芬·波拿巴皇后收集和种植在马尔马松花园中的植物。

在那些精致的印刷品中,我们不仅可以看到植物的整体,还可以看到每一朵花所包含的细节,以及进行精确的科学分类所必需的部分。《百合图谱》不仅是一部昂贵奢华的花谱集、一本描绘私人收藏珍品的图集,而且它是一部极具科学价值的作品,展现了对植物的精确分类和精细描绘。

罗伯特·贝特曼所著的《墨西哥和危地马拉兰科植物》介绍了花朵形状和颜色的千变万化,比如说这一株金蝶兰。

印刷技术的发展

1798年新的平版印刷技术出现了,这注定要改变19世纪的植物插画艺术。四版印刷和凸版印刷依赖凹陷下去或者凸起来的表面来存留油墨,而平版印刷基于一个简单的事实:油墨和水互不相溶。用油性笔或者油基油墨将作品绘制在一块精心打磨过的石灰岩上,然后使用硝酸将其永久性地存留在版面上。把整件作品都浸入水中后,油性图像部分抗水,而石头的其他部分则不断地吸收水分。当油或油基油墨在石版表面移动时,它只能黏附在图像部分,而被石头上其他潮湿的表面所排斥,图像最终在印刷时被转印到纸张上。

平版印刷比原先的印刷方法要更加快捷和便宜,这使得艺术家们在作品的色调和色差方面取得了空前的成就。在19世纪下半叶,随着彩色平版印刷技术的使用以及更加鲜艳的合成色素的发明,廉价的彩色插画大量涌现,满足了维多利亚时代那些期待已久的科学家,以及对艺术和植物充满热情的爱好者,他们用这些作品来装饰住所。

平版印刷技术应用到植物学领域的最佳例子就是1837-1843年出版的罗伯特·贝特曼的《墨西哥和危地马拉兰科植物》。最初的画作是由莎拉·德雷克和奥古斯特·魏瑟完成的,此后由马克西姆·高奇将其完美地刻画在石制平版印刷版上。40幅画作因其尺寸而引人注目,它们高达75厘米,再加上文本,最后的作品重约16千克，是已印刷的植物学著作中最大的一部。漫画家乔治·克鲁克香克讽刺这本书的尺寸，画了一幅名为《图书管理员的噩梦》的漫画，画中展露出可怜的图书管理员像来自小人国一样，他们正在搬运一本庞大的书册。

沃尔特·菲奇是19世纪最伟大的平版印刷植物艺术家之一。他从1834年开始为《柯蒂斯植物学杂志》绘制插画，并且很快就成为了这本权威出版物的唯一绘图师，一直持续工作到1877年。《柯蒂斯植物学杂志》是一本极受欢迎的出版物，它与英国皇家植物园有着紧密的联系，还发布了许多来自大英帝国偏远地区的植物信息。1845年左右，菲奇开始制作自己的平版印刷图版。他既是艺术家，同时也是工匠，这种双重身份替代了那些可能曲解其作品的中间人。

现在和未来的植物

19世纪末期以及整个20世纪见证了适用于植物绘画的新型印刷术和艺术品复制技术的大发展。不同类型的摄影技术开始出现，随后数码影像技术成为科技出版中的一项标配，甚至最新的技术已经替代了手工绘制植物插画。尽管年代久远的木刻工艺、奢侈的铜版印刷图谱、巨大的平版印刷作品都已经走上末路，但这种富有贵族气息的流派还存留着。

威尔士的查尔斯亲王最近发布了《海格洛夫花谱》，这是由一群才华横溢的植物学艺术家创作的关于海格洛夫花园的植物水彩画。这部两卷本著作包含120幅植物水彩画，耗时6年才得以完成。不同于以往，从这件无价的珍品中获得的利润都将用于

慈善事业。

另一项在传统之上做出的革新是布鲁克林植物园作品中心正在创作的图谱。这个项目创立于2000年，聚集了数十位才华横溢的植物艺术家，目标是记录布鲁克林植物园中的250000个活体植物标本。经验丰富的艺术家们每年都会被邀请来为植物园中某一特定种类的植物藏品进行绘图。这些艺术作品先要经过公共展示，而后会被永久性地收藏到图书馆中。同时，每一种被描绘的植物在经过平压、晾干后，也会被收入到植物园的标本馆中。布鲁克林植物园称其为"科学和艺术的完美结合"。

本书也同样描绘了这种科学和艺术长久以来的结合，尤其是让人们得以亲眼目睹密苏里植物园图书馆中的珍宝，毕竟这个植物园只有少数游客有机会参观游览。本书用到了时间线、故事叙述、历史图解的方法来讲述这一漫长而传奇的故事，展示了在人类历史进程中，人们对于植物的热爱和追寻是如何使得我们的地球变得更加富饶的。植物学的探索和发现、创新和贸易都依赖植物世界，数千年来不断推动着文明的进程。这几页所讲述的故事无疑都说明了人类历史同植物世界有着紧密的联系。

密苏里植物园很荣幸能够与美国国家地理学会共同参与这个项目，也为促进人类和植物关系的发展感到自豪。我们知道，你们一定会非常享受阅读本书所带来的愉悦。这本书的编写也践行了我们一直肩负的使命："发现并分享植物及其生存环境方面的知识，让生命世界得以延续并变得更加富饶。"

慵懒而优雅的锡金落叶松仅仅生长在喜马拉雅地区，英国医生威廉·格里菲斯在19世纪中期第一次发现了这种植物并进行了科学记载。（对页图）

Plate XXI

LARIX GRIFFITHII, H.f.&T.

第 1 章

史前–1450

起
源

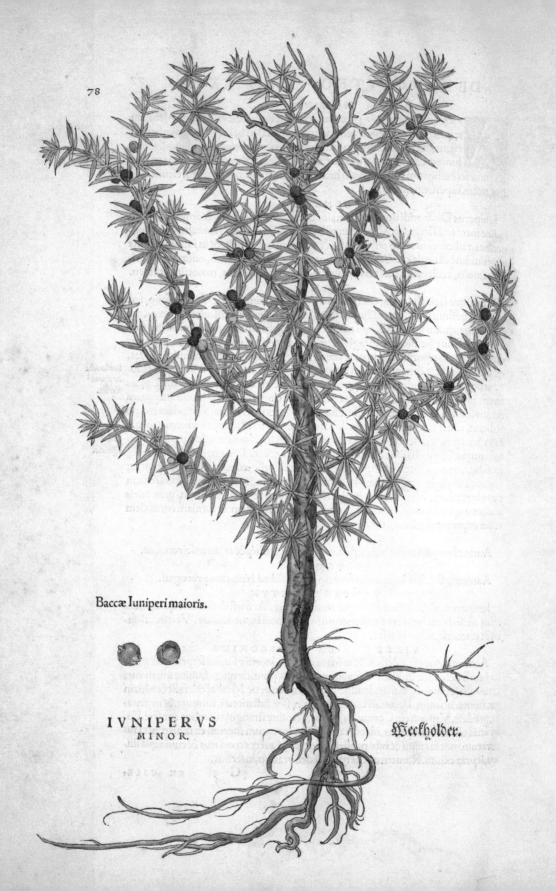

Baccæ Iuniperi maioris.

IVNIPERVS
MINOR.

Weckholder.

"我是平原上的玫瑰花，山谷中的百合花。"
——《所罗门之歌》第2章

起源
史前-1450

植物与人类这两者在历史中相互作用的重要性我们无需夸大。 如果要追溯二者之间的联系， 甚至可溯源至人类在地球上开始呼吸的那一刻。 从我们的灵长类祖先开始， 人类就和植物有着直接的联系——生活中所需的食材、 住所以及简单的工具都可取材于植物。 后来， 我们依赖植物获得能源、 药品、 衣服、 装饰品等， 甚至用其来记录行为和交流思想。 这些联系在考古记录中能找到相应的证据， 不过线索通常较少且呈碎片式： 在某处有一些烧焦了的谷物， 在他处又有些花粉的涂片， 或者是一些衣服的纤维。 关于人类与植物情感联系的最初起源现在还不确定， 因为单个的灵感乍现和审美愉悦很难留下痕迹， 除非是用一种持久的形式记录下来。 不过我们依然能够感觉到在远古时期人类对植物充满敬意， 比如《圣经》中的隐喻， 尤其是《所罗门之歌》里的种种狂喜之情。 这种情愫一旦被确定下来， 植物的美学价值就紧紧地与实用价值和经济价值捆绑在了一起。 植物孕育了生命， 滋养了生命， 造就了人类的成就和文化的繁荣。 植物那难以估量的价值， 一度成为冲突和竞争的焦点以及跨越陆地和海洋之间漫长路途的动力。

对页图：通过早期手工上色的木刻方式呈现，杜松（*Juniperus communis*）作为一种适应寒带气候的植物，在许多文化中一直都被用作药材或者烹饪食材。前页图：蓝色尼罗河睡莲（*Nymphaea caerulea*），与埃及神祇"拉"有联系，代表了诞生、纯洁、生命和美丽。

	知识与科学	权力与财富	健康与医药
非洲和中东地区	公元前1550年，埃及的《希柏纸草书》中列举了800多种草药植物。 公元793年，在乌兹别克撒马尔罕的中国俘虏向波斯人传授用植物纤维制作纸张的技术。 12世纪，造纸术随伊斯兰教向西传播到北非，然后通过西班牙进入欧洲。	约公元前1450年，埃及女王哈特谢普苏特下令将南非蓬特地区的没药树种植到霍恩地区。 公元627年，东罗马帝国的士兵们在占领了一座波斯城堡后发现了糖，然后将它带到了君士坦丁堡。	约公元前2100年，已知最古老的医学文字记载在苏美尔的陶片上，上面记录了一些可用于治疗疾病的植物。 公元1025年，波斯医生伊本·西拿完成了他的不朽著作《药材典范》。
亚洲	大约公元前500年，医学著作《妙闻集》在印度出版，里面命名了700多种植物。 公元105年，中国用桑皮纤维制作纸张被首次记录了下来，但是它的发明时间可能还要再早上两个世纪。 公元1178年，中国韩彦直所著的《橘录》记载了20多个品种的橘子。	公元前2737年，中国传说中的炎帝神农氏发现了茶树。 公元1206年，中国茶叶价格下降，茶成为了一种普通的饮品。	大约公元前3000年，《神农本草经》写成，据说为中国传说中的炎帝神农氏所著，该书为最古老的药用植物著作。 公元前771年，《五十二病方》（记录了52类疾病的药方）编写完成。
欧洲	大约公元前320年，古希腊哲学家泰奥弗拉斯托斯撰写了两部经典的植物学著作《植物史》和《植物之生》。 公元55-65年，迪奥斯科里德斯在古罗马尼禄军队中任外科医生，他穿行了南欧和北非地区，记载了一些药用植物。 公元512年，迪奥斯科里德斯最老版本的《药物学》被制作成泥金手抄本。	 炼金术士的炉子和蒸馏瓶 公元前1世纪，罗马兼具研磨功能的烘烤设备，可以将小麦碾碎并烘烤成大块面包，这也促进了世界上最早的食品工业的出现。	公元前400年，希波克拉底命名了许多药用植物，包括大麦、大蒜、藜芦、青蒿、茜草，都记录在《急性疾病的养生法》一书中。 大约公元前100年，据传古希腊的克拉托伊斯编写了一本附有彩色插图的植物志，但并未留传下来。 大约公元160年，罗马皇帝的御医伽林记载了他收割、制备草药的方法。
美洲			

"如果我们能够看懂一朵花所蕴含的奥秘，我们的整个生活就会发生变化。"

——佛陀（乔达摩·悉达多），公元前5世纪

食物与香料	衣物与住所	美与象征意义
到公元前8000年，山药很可能在非洲被作为主食而培育。 　　大约公元前6500年，在以色列的一个新石器时代的村庄出现了扁豆和蚕豆。 　　到公元前5000年，枣椰树很可能在伊拉克和伊朗地区被种植。 　　大约公元前1700年，珍珠粟在非洲撒哈拉沙漠以南地区开始被种植。	公元前5000年之前，制作亚麻布的主要原料亚麻在叙利亚和土耳其地区被种植。 　　大约公元前2200年，皂荚木在埃及被用来建造房顶、船体和桅杆。 　　大约公元前1260年，埃及皇后奈菲尔塔利将亚麻布制成的服饰送给赫梯人的皇后。	大约公元前2600年，在古代的苏美尔城市乌尔，枣椰被用作皇室的随葬品。 　　公元前1325年，（植物种子残留的痕迹表明）小麦、芫荽、大蒜、西瓜、红花以及枣椰等许多植物曾作为随葬品同古埃及法老图坦卡门一同下葬。
公元前2800年，中国古代农书中命名了5种谷类作物。 　　公元前510年，波斯士兵在印度河沿岸发现了甘蔗，"这些芦苇一样的植物不需要蜜蜂就能挤出蜂蜜来"。 　　公元前327年，亚历山大大帝在印度第一次品尝了香蕉。	大约公元前2600年，古印度河流域的摩亨佐朱达罗城（今位于巴基斯坦）的人们用染色茜草将棉花染成红色。 女性曼德拉草	大约公元前475年，由竹子制成的笛子在中国成为颇受欢迎的乐器。 　　公元815年，佛教最澄大师将茶树的种子从中国带到了日本，他认为茶可以辅助冥想。 　　公元1422年，禅宗僧侣村田珠光出生，他被认为创造了日本茶道。
到公元360年，罗马人选育小麦已有很长的历史了，包括硬质小麦和软质小麦。 　　14世纪中期，一本流行的威尼斯食谱《烹饪用书》里面记载了一则食谱，其中用到了鸡肉、枣椰、松仁和香料。	大约公元前500年，伊特鲁里亚亚麻被编织成船帆，而厚实的亚麻衣物经亚麻籽油浸处理后，被制作成罗马士兵的服装。 　　公元400年，挪威神话中的霍莱夫人将亚麻纤维纺织成亚麻布来帮助那些勤劳的家庭妇女。	大约公元前776年，希腊奥林匹克运动会的获胜者们头戴用橄榄枝或月桂枝做成的花环。 仙客来（*Cyclamen europaeum*）常被古代的医生使用。
公元前5500年，墨西哥开始种植或从野外采集葫芦、豆类和胡椒。 　　公元前5000年，玉米在中美洲开始被种植。 　　公元前5000年，土豆在南美洲开始被种植。	公元1300年之前，棉花在墨西哥开始被种植。	公元500年，霍普维尔举办的某种仪式中使用了带有动物雕像的烟管。 　　公元1051年，墨西哥米斯特克人的《纳托尔法典》中曾记载，新娘和新郎饮用巧克力来庆贺新婚。

从一开始起，植物在人类的饮食中就是很重要的一部分。早期的人们通过狩猎和采集的方式来获取食物，但能收获多少则取决于当地的条件和所处的时节。早期的人们采集那些不需要耗费太多精力就能获得的野生植物部分，比如果实、叶子、种子和块茎，作为狩猎获得食物的补充。但是随着时间的推移，这种以捕猎为主、采集为辅的生活方式发生了反转，植物逐渐成为人们食物营养的重要来源。

对于有些动物来说，基因似乎决定了它们以植物为食，这或许也解释了王蝶为何要雷打不动地待在乳草的枝头。和其他动物有多样的食谱一样，人类在植物世界中探寻适宜的食物时，也经过了无数次的尝试，甚至犯过一些错误，才鉴别出哪些食物美味可口，哪些能够提供更多的能量，哪些包含着毒素会让人身体不适或者造成疾病，甚至引发死亡。

人类使用火的时间是一个备受争议的话题，这一时间或许最早可以追溯到数十万年前非洲直立人的出现。不论究竟跨越了多少年，可以说是火的使用改善了人类的生活，也使得植物在人类饮食中发挥了更大的作用。火能够产生热量，为人类提供多样的方式来烹饪食物，也促使人们探索更多的植物知识。石器时代的猎人们能够辨别出燃烧时间长久、火焰旺盛的树木品种，以便更好地烧烤猎物、持续取暖以及驱逐危险的动物；他们也能区分出那些易燃的植物并用于点火。

人们还发现了用有些品种的树木烤制过的肉更入味，有些树木的烟味能够让肉香保存得更长久，便于日后食用。他们还发现有些植物在当季食用时味道很鲜美，而过季后不仅食之无味，还可能会发出恶臭。更重要的是，他们发现一些有毒植物生吃很危险，但用火烹饪后就可以放心食用了。

尖刀变犁头

尽管人类对于植物世界越来越了解，但早期的人们仍然想做猎人。在法国和西班牙25000年前旧石器时代的洞穴彩色壁画中描绘的依然是人们猎杀动物的场景，看不到丝毫植物的影子。不过植物却为艺术家的创作提供了工具——描绘引人入胜的图画所用的炭笔和照亮洞穴的燃烧物，这些都是完成壁画所需的辅助工具。类似的证据比比皆是，无不揭示出植物与人类

无花果
Ficus carica

无花果的种植自古就有，从《圣经》中就可以发现无花果在希伯来人的生活中十分重要。在公元前1900年的古埃及墓穴的墙壁上也雕刻着无花果的丰收场面。罗马人认为无花果是巴克斯神送来的礼物。在今天的美国，人们把它看作美味佳肴，但在有些欧洲国家，它却被视为穷人的食物。1769年，西班牙的传教士们已经在加州种植无花果树，但是直到1899年美国农业部引进一种特别的黄小蜂来为无花果树授粉后，这些果树才结出果实。

几千年来，有关无花果树的故事贯穿人类的文明史。这种发源于幼发拉底河谷的灌木拥有味道微甜、可以食用的果实，象征着肥沃和富足。

之间的密切关系。

　　尼安德特人是最早安葬死者的人类，他们早在70000年前就曾将花朵摆放在一名残疾人的墓穴里。 当然这些花儿早已凋谢，这是考古人员根据坟墓里残留的花粉做出的推断。 此后数千年一直到公元前10000年，植物痕迹被发现于智利南部地区人们的居所，这也表明当时人们对植物的食用价值和药用价值都已有深入的了解。

　　100多年前，有些学者就推测，对动植物资源进行有目的

没药
Commiphora myrrha

自《圣经》时代起，没药在中东地区就被用来治疗口腔溃疡、伤口感染、肠胃不适和肺病。在印度吠陀医学中，没药入药也有着长久的历史。最近，在非洲东部和沙特阿拉伯地区，没药被用来治疗炎症和风湿病。现今在商业中所用到的没药通常取自埃塞俄比亚、索马里、苏丹和也门地区的野生树木。

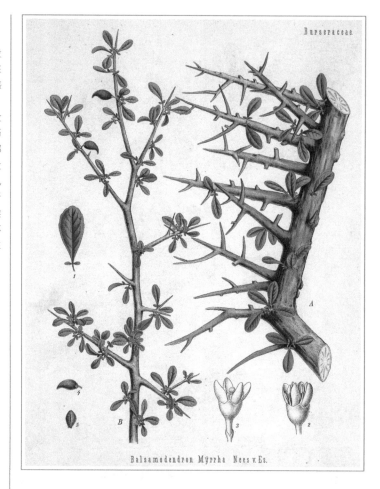

干没药树脂的制作最初源自北非，用于防腐、熏香，也被制成干香、香水或者圣油。在某个历史阶段，没药因其价值而与黄金等价。

的利用和驯化是农业发展的单一起源，驯化也给人们的生活带来了长久、巨大的变化。也有人将这种巨大变化的原因归结于某个农民，这个天才般的人物独自谋划出了农业发展的全过程——这是维多利亚时代典型的想法，不过并不现实。

如今我们已经知道，农业在全球很多地方独立起源，范围从中东的新月沃土到东亚、中美洲、南美洲以及东北美洲。这些地区的农民将一些野草逐渐培育成适宜栽培的品种（诸如小麦、大麦、玉米、小米、水稻以及一些豆类植物）。

现代人培育出的许多作物与早期的品种相差甚远。比如玉米，它原是墨西哥的一种类蜀黍植物，其种子嵌入在植物顶端的尖穗里。经过几个世纪的培育，尖穗内的玉米颗粒才逐渐变得饱满，成为现在人和动物的食物来源。南美洲高地以及部分非洲地区的土壤非常适合种植块根植物和块茎植物，比如土豆和甘薯，因此它们也就理所当然地成为了那里的主要作物。 在辽阔的北美洲，人们的文化背景千差万别，但玉米、豆类和南瓜却是他们共同的食物。

近十几年来，对农业出现时间的探讨成为了一个研究课题，随着新的证据不断浮现，以前预设的时间也需要得到修正。农作物种植的确凿记录最早可以追溯到10500年前地中海东部地区的新月沃土，关于这一点有许多资料。 水稻的食用可以追溯到8000年前的中国，从长江中部流域的考古发现来看，水稻驯化大约发生在6000年前。

到公元前4000年，农业在一些气候适宜的地区逐渐巩固了下来。 那时，农作物和农业技术都是通过"借鉴并散播"的方式发展起来的，植物也被传播到各个地区。 农业为人们提供了大量的食物，也为城市化的全面发展铺设了道路，当然隐患也一直伴随其中。 通过捕猎和采集获取食物的方式由于农业的出现变得不那么常用了，但是它并没有完全消失，直到现在也依然存在。

神圣的植物

随着人类社会出现了"超自然"的概念，植物也变得神圣起来。 印度次大陆的人们依然在膜拜一些植物，比如莲花（*Nelumbo nucifera*）、罗勒（*Ocimum tenuiflorum*）、菩提树（*Ficus religiosa*）、孟加拉榕（*F. benghalensis*）。 这种植物膜拜文化可以一直追溯到公元前6000年。 古埃及人将西克莫无花果树（*F. sycomorus*）称为万能树，因其在荒漠中为女神伊西斯、哈托尔和纳特等提供了树荫，遮蔽了烈日。

希腊人也把各种树木奉给诸神，例如橡树被敬献给宙斯，橄榄树被敬献给雅典娜，桃金娘被敬献给阿佛洛狄忒。 人们认为树木具有灵性，通常会选取离树林近的地方作为墓区。 2500多年前，在英国铁器时代，持万物有灵论的凯尔特人经常在神圣的树

小豆蔻充满香气的种子兼具烹饪和药用价值，一直以来都十分昂贵。因其香气十足，种子也被用于制作香水。

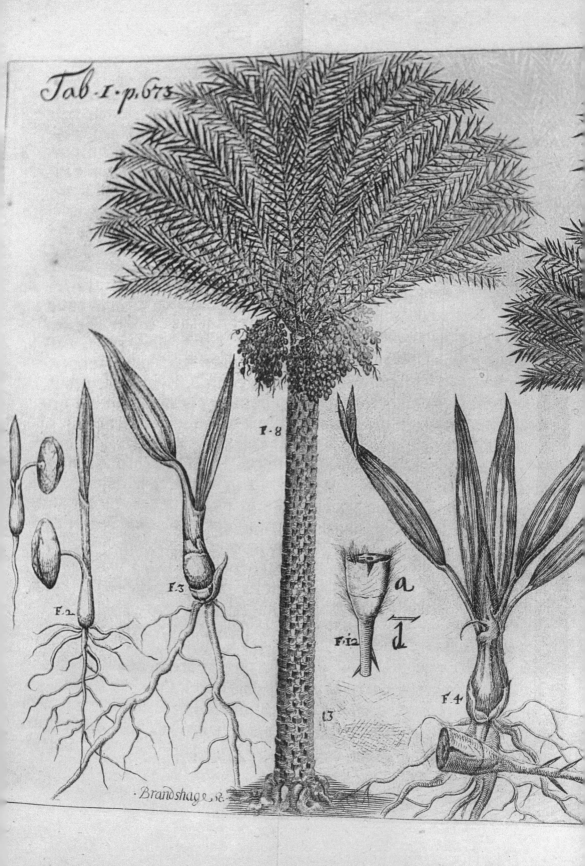

Tab. I. p.673

F. 2

F. 3

F. 8

F. 12

a

b

F. 4

.Brandshage sc.

枣椰树

Phoenix dactylifera

枣椰树(高大挺拔的乔木,上面挂满了一簇簇鲜红的果子)在过去的1000年中,在北非和中东地区人们的生活中占有十分重要的地位。枣椰果实富含维生素和蛋白质,只需一杯牛奶和一把枣椰就能为荒原上的阿拉伯人提供健康生活所需。干枣椰很容易收藏和携带,而且能量极高,含糖量可达70%,这使得它成为游牧民族的理想食物。游牧民族很可能也在南地中海地区旅行的过程中传播了这种植物。

枣椰树的各个部分有许多用途,果实可以用于制作糖浆、酒和醋,树干可用作木材,叶柄纤维可以制作绳索,叶子可以编织成篮子和其他居家用品。人类第一次收获枣椰的时间无从知晓,但它可能是最早被培育的树种之一。在美索不达米亚发现的枣椰树种子可以证明它被培育的起始时间大约在公元前4000年。

一棵硕果累累的枣椰树被永久地刻画在帕舍度墓穴的美丽壁画上,该墓穴位于埃及尼罗河西岸的德尔麦迪那。

从壁画和壁雕可以得知,古埃及人食用和培育枣椰的时间约在公元前3500年。公元前450年左右,古希腊历史学家希罗多德在亚述国发现"到处都长满了枣椰树,多数都还是硕果累累的品种",这些果实为亚述人提供了"食物、酒和蜂蜜"。古希腊美食家乌斯的《论厨艺》一书被视为古代第一本厨艺书籍,该书收集了公元1世纪时期的食谱,其中就记录了制作一种甜点所需的食材:枣椰、坚果、蜂蜜和盐。

枣椰树对于人类如此重要,在不少宗教中它被赋予了一定的象征意义。在古代美索不达米亚和古埃及的丧葬文化中,枣椰种子经常在墓穴(包括古埃及法老图坦卡门的墓穴)中被发现。基督徒在圣枝主日这一天挥舞着枣椰树枝,召唤耶稣的信徒重回耶路撒冷。先知穆罕穆德要求穆斯林栽植枣椰树,并且食用枣椰。西班牙人是最有可能将枣椰树带入新大陆的人,带入的目的是促进宗教的发展。1770年,方济会的一位修道士在圣地亚哥种植了枣椰树,从此美国加州就有了自己的枣椰树,比它获得殖民地自主权的时间还要早。

最近,科学家成功萌发了一粒约2000岁高龄的枣椰种子。以色列考古学家将这粒种子浸入富含植物激素的溶液中,然后把它埋到泥土中。不可思议的是,大约6周后它居然发芽了!人们以《圣经》记载中最长寿的老人为它命名,将它取名为"玛士撒拉"。

枣椰树年代表

大约公元前6000年,巴基斯坦梅赫尔格尔已有枣椰种植。目前在该地区发现的枣椰种子大概是最古老的枣椰种子。	公元前5000-前4000年,枣椰树开始被栽培,在伊拉克和伊朗地区发现了它的种子。	公元前2650-前2550年,乌尔的皇家葬礼仪式包含随葬枣椰的环节。	公元前2035年,苏美尔人的楔形文字碑中记录了枣椰果园的枣椰产量。	1513年,西班牙人将枣椰种子带入古巴。	1770年,方济会将枣椰种子从墨西哥引入美国加州。	2008年,科学家将在以色列出土的一粒2000岁的枣椰种子培育成活。

林中举行仪式，在现代英国还有一些奋兴派教徒保有这种做法。

大约在公元前1470年，一支远洋商队从上埃及启航，向着南非东海岸的蓬特（大约相当于现在的索马里地区）行进。 这项计划是由埃及女王哈特谢普苏特发起的，她曾作为其继子图特摩斯三世的摄政王而掌握大权。 图特摩斯三世十分蔑视女王的女性身份，最终夺得了埃及法老的全部权力，统治埃及达15年。

"耶和华将那人安置在伊甸园中，让他在那里耕种看守。"

——《圣经·创世记》2：15

哈特谢普苏特的和平统治理念使得她更加重视商品贸易，在对蓬特的贸易清单中就包括昂贵的黄金、黑檀以及一些珍贵的香料，其中没药树脂对埃及此后的皇室生活意义非凡。 埃及的贸易者们不仅带回了没药精油的制作方法，还带回了鲜活的没药树。 哈特谢普苏特将没药树栽种在底比斯神庙的花园中，把这次远航贸易的经历也记载在神庙的墙壁上。 这是人类历史上第一次关于植物远征事件的文字记载，反映出3500年前有关草药、香料和整株植物的贸易在古文化中具有一定的重要性。这种重要性既体现在物质层面，也反映在精神层面，折射出人们无论付出多少努力和代价也要拥有植物的渴望。

疗伤的草药

从石器时代的部落到当今的大都市，地球上不同地区的医术中都会用到植物。 出于精神寄托也好，源于生活上的密切联系也罢，植物开始逐渐渗透到古代的医学体系中，植物医药在印度和中国独立萌芽的时间甚至可以追溯至6500年前。

有人认为，印度的传统医学，即人们熟知的阿育吠陀比中国传统医学要早2000年。 在梵语中阿育指生命，吠陀指知识。它完好无损地流传到现在要归功于古代的一些权威文献，比如《遮罗迦集》，它出现的时间可以追溯到公元前3世纪。 阿育吠陀是一个复杂的系统，它将生命、健康和一定范围内的疾病与思想、身体和灵魂统合起来，还从个体的需求方面加入对生活方式和饮食习惯的考量。 阿育吠陀草药方中绘制了3000种自然生长的药用植物并提供了很多治疗方法，既有治病用的，也有预防用的。 现今印度仍然有30多万从业者在运用这项医学，而世界上其他地方的从业者也有很多。

睡茄（*Withania somnifera*）在阿育吠陀中经常被用到，梵语称之为"阿十万干达哈"。 这种草药闻起来有股马身

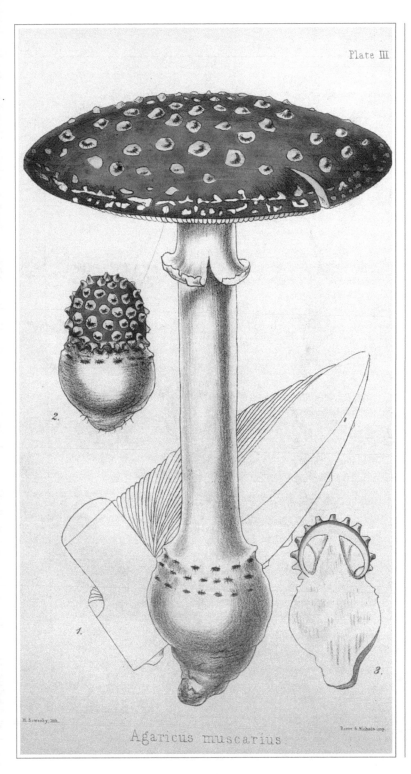

Plate III

Agaricus muscarius

作为童话中典型的毒蘑菇形象，毒蝇鹅膏菌确实有毒，是一种神经致幻型菌类。它被制作成杀虫剂后可杀灭苍蝇，因而也有毒蝇伞一称。

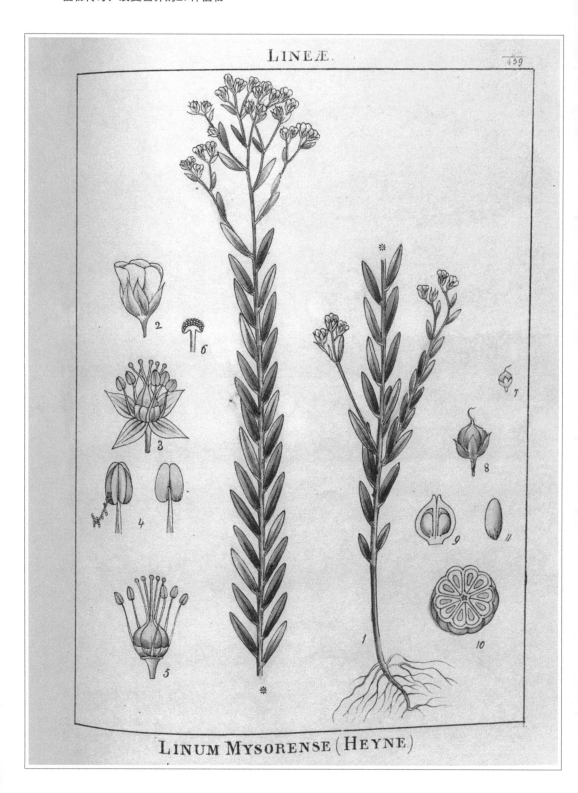

上的味道, 是茄属植物中的一种灌木。 尽管拉丁学名中的 "*somnifera*" 意为促进睡眠, 但3000年来睡茄一直被作为滋补良药出现在处方中。 睡茄用于治疗身体衰弱, 既包括年龄增长导致的身体衰弱, 也包括性功能衰弱, 而且效果显著。

中国植物医学的发展也很早, 大约有5000年的历史, 关于用药的文献记录也有2000年之久。 在这2000年里, 有400种草药被提及, 人们还编写了手册详细描述各种中草药的性能和使用方法, 其中非常经典的一部作品就是由传说中的炎帝神农氏所创作的《神农本草经》。 这本书中介绍了常山 (*Dichroa febrifuga*) 这种具有退烧功能、现在也用于抗疟疾的蓝色常绿植物。

对于我们现在所熟悉的传统中草药, 经过不断的实践和积累, 官方认可的名录中收录了约500种, 这500种草药是从4500种当地草药以及一些少数民族用药中精心挑选出来的。 草药认可名录的编制最早见于《神农本草经》, 该书被认为是世界上最古老的草药专著。 这本书根据植物各部分的药效进行分级排列, 首先是根, 其次是种子和果实, 最后是叶子。

人参 (*Panax ginseng*) 在名录上几乎居于最靠前的位置。作为处方药中最常用的草药, 它几乎总是被单独使用, 不能与之混用的草药多达近百种。 人参的属名 "*Panax*" 意为 "包治百病", 似乎在宣称该植物应位于 "补品" 的领袖地位 (与睡茄一样)。 人参含有一种能够从整体上改善人体机能的特殊成分,

亚麻

Linum usitatissimum

亚麻是世界上最为古老的农作物之一, 至少在公元前5000年前就已经开始被种植了, 先是美索不达米亚人, 然后是古埃及人。亚麻是古代治疗咳嗽和咽喉炎症的草药, 希波克拉底就曾推荐用它治疗感冒。在现代草药医学中, 亚麻油是治疗慢性便秘和大肠激躁症的一种安全且温和的通便药。亚麻成熟时收割下来后可从中提取纤维, 用于编织亚麻织品。

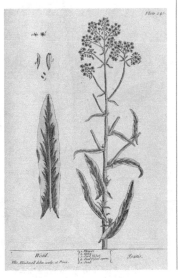

尽管亚麻织品没有棉织品有弹性, 但它的结实耐用十分受欢迎, 人类使用亚麻织品已超过5000年了。(对页图)染色茜草 (左一) 和沃德草 (左二) 是最受欢迎的染料植物, 染色茜草可以将亚麻布染成红色, 沃德草可以将其染成黄色。前者也被认为是治疗黄疸、水肿、结石和尿淋的良药。

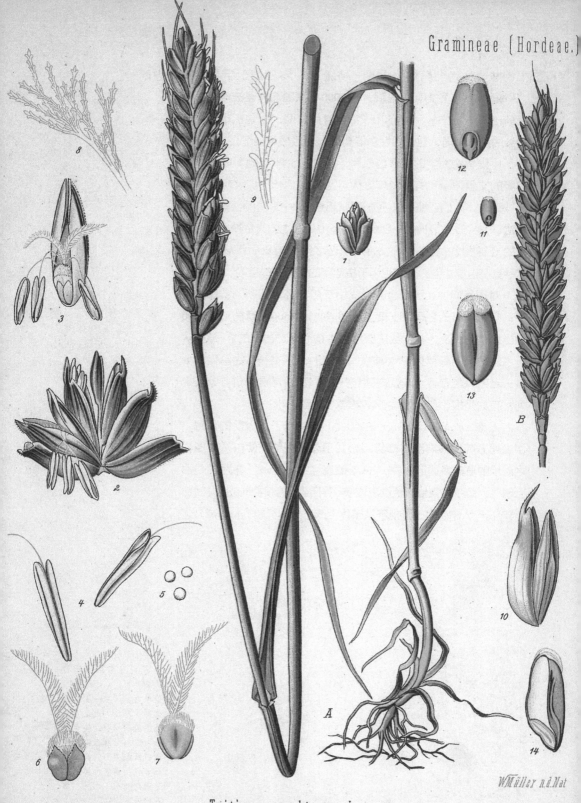

Gramineae (Hordeae.)

Triticum vulgare L.

WMüller n.d.Nat

小麦

Triticum spp.

人类培育了小麦，并不断改良它的品种，而小麦反过来也促进了人类的发展，这可以说是一种相互影响的过程。小麦是第一种被当作食物种植的野生植物，这些在农业上的小成就很明显促进了社会和技术的进步，引领着城市化的进程以及复杂的社会结构的发展。小麦就像那把关键的钥匙，启动了人类文明的列车飞速行驶。

考古学证据表明，10500年前在西南亚的新月沃土上首次出现了农业。那时在亚洲的大多数地方，小麦还只是一种肆意生长的野草。但是亚洲西南部由于地中海气候温暖而干燥，冬季虽寒冷，但却十分短暂，因此非常适宜小麦的生长，这也是成功驯化小麦的必备条件。

小麦是一种十分有营养的作物，它富含氨基酸和植物蛋白。除小麦外，再补充些豆类或动物蛋白，就能大大地满足人类对于营养的需求。小麦的蛋白质结构很独特，它既能用于制作发酵面包，也能用于不发酵面包的制作。

考古学家们在西南亚的新月沃土、叙利亚、约旦、土耳其和美索不达米亚等地发现了小麦种子残留，最早可追溯至公元前7000年。

创作于1416年的《杜贝里公爵描金日课经》描述了七月收割小麦的丰收场景。

这些地区残留的小麦种子随处可见，比如土耳其的加泰土丘，向东穿越美索不达米亚到阿布胡赖拉丘，向南到埃及。到公元前2875年时，埃及农民已经沿着尼罗河的堤坝建造成了一套精妙的灌溉系统，成为历史上最早制作烤炉并烘焙面包的人。

随着罗马帝国的逐渐壮大，整个欧洲都开始种植小麦，无论当地的气候条件是否允许，面包已经成为欧洲人日常餐桌上的必备美食。在那些不宜种植小麦的地区，比如部分高卢地区、多瑙河流域一带，当地居民也将小麦引了进来，并且建造了专门的工厂来满足整个帝国的需求。

后来，随着罗马帝国的没落，小麦的生产也明显地萎缩了，但是其光芒并没有完全消逝。在整个中世纪，人们将小麦和黑麦混合在一起制成了新型面包——一种名为"马斯林"的杂粮面包。

小麦在18世纪成为了主要的作物，并一直延续到现在。最近培育出来的矮系植株具备了更高的产量和更强的抗病能力，这也保证了小麦在世界重要作物中占据一席之地。小麦的年产量在20世纪末超过了6亿吨。

小麦年代表

在公元前7000年之前，美索不达米亚就开始种植小麦和大麦，并养殖山羊。	公元前1325年，小麦是埃及图坦卡门法老的随葬品。	公元前330年，希腊地理学家皮西亚斯在英国的东南部见到了小麦。	大约公元360年，罗马农民区分出了软质小麦和硬质小麦的差异。	1529年，西班牙人将小麦带到了新大陆。	1788年，澳大利亚开始种植小麦。	1970年，矮系品种的小麦让热带地区小麦的产量翻倍。

桃（*Prunus persica*，右图）在中国一直都有长生不老的寓意，经由波斯（Persia，现在的伊朗）传到了地中海区域，因此其拉丁学名的种加词为*persica*。

铃兰（*Convallaria majalis*，对页图）则有令人难过之意，尽管它有着迷人的芳香。在基督教的神话记载中，夏娃在被驱逐出伊甸园时伤心至极，留下的眼泪凝结成了铃兰。

Pêcher à fruits lisses.

因此数千年来被广泛用作补药，帮助人体恢复"元气"，重获能量与活力。

早在公元前500年，中国人就发现了白柳（*Salix alba*）具有镇痛效果。该种植物含有活性水杨苷成分，不过这种化学成分在两千多年后的19世纪才被分离出来，然后又被转化为乙酰水杨酸，又称阿司匹林。

必需品

作为人类生活中的另外两大必需品，住所和衣物都与植物有着密不可分的联系。人类的祖先依赖树木作为避风港，所以很喜欢接近树木，他们利用树干、枝条和树皮来建造住所，或者为牲畜搭建棚舍。后来从这些基本的用途中又衍生出了其他耐用的工艺，比如将枝条编织好以后在外面再涂上泥浆或涂料。新石器时代的英国人会在合适的场所搭建木框架结构。植物还为建造屋顶提供了十分宝贵的材料，如棕榈树叶、芦苇、灯芯草、禾草等。数千年来，这些材料在全世界原住民的住所建造中都会被用到。例如，铺设多层茅草这种干燥的植物能够增强屋顶的防雨功能，使房屋变得结实而又耐用。如果当地气候环境条件适宜，这些茅草屋顶用上百年都不需要更换。

随着时间的流转，家具也成为人们日常生活中必不可少的部分，植物为制造家具提供了许多原材料。家具的打造用到了许多品种的木材，其中原产于地中海地区的黎巴嫩雪松（*Cedrus libani*）受到的赞誉最多。除此之外，禾草、灯芯草、芦苇在编织篮子时用处很大，也可用于编织其他盛放东西的容器。作为收纳工具，它们的出现时间早于陶制容器。木棉和其他类似的植物成分通常都是为了保护果荚里的种子而生出的纤维，当它们成熟后，就会被收集起来填充床垫或枕头。埃及的气候较为干燥，从古墓中出土的文物中有一些家具保存得较好，展现了古代家具的式样，堪称家具文化中的精华，比如年轻的法老图坦卡门墓中成批出土的镀金、镶嵌、实木贴面的家具和各种配件。图坦卡门是公元前14世纪埃及的统治者，命运多舛。

人类在很早之前就试图开发河流、湖泊和海洋资源，这需要用到许多植物，其中最重要的就是树木。黎巴嫩雪松曾在制造船只时非常流行，用它制造出来的船只可以跨越地中海，到达波斯湾、阿拉伯海以及更远的地方。早期的船只是用葡萄藤简单捆绑后制成的"木筏"，大约在10000年前人们才开始用针叶树制造独木舟的船体，采用挖凿、烧制等工艺处理后，再用石器精心打造。

对于简易的船只而言，树木也是制造桅杆、船桨、船橹等必备品的原材料。随着造船业的不断发展，驾船技术也在逐步精进，不过植物依然为船只的主体结构和关键构件提供原材料。比如在早些

桃
Prunus persica

有些中国古代的作家将桃树称为生命之树，有些称它为死亡之树，更多的人则认为桃子代表着长寿。粉红色的桃花会让人联想到女性的滥交，因此人们禁止在女性闺房前种植桃树。英文"peach"由波斯这个词的拉丁语"Persia"衍生而来，和种加词*persica*的情况相似。尽管桃子曾经被西方人称为波斯苹果，但是植物学家们目前一致认为桃子的原产地在中国。

时候，一种原产于非洲的芦苇样植物纸莎草除了用于制造船帆外，还用于篮子、绳子和草鞋的制作。 不过纸莎草最著名的用途莫过于用来造纸，不过那大约是在公元8世纪的时候了。

在人类制作的各种手工艺品中，衣物恐怕是其中寿命最短的物件。 根据目前的考古记录，在土耳其南部发现了一块仅七八厘米长、用粗亚麻制成的碎片。 这是迄今为止所发现的最古老的衣物遗迹，距今已有9000年的历史。 这块碎片用料非常粗糙，很可能是用比较原始的野生亚麻编织而成的，而不是后来才培育出来的拥有光滑纤维的亚麻品种。

刺苞菜蓟（Cynara cardunculus）是一种多年生蓟，我们在餐桌上所食用的部分实际上是它的花，它曾一度被古希腊人和古罗马人视为春药。

有确凿的证据表明，大约公元前5000年在美索不达米亚和埃及都有亚麻的培育和种植历史。 在这里亚麻既被用来包裹木乃伊，也被用作纺织衣物的材料。 不仅如此，亚麻的种子和从中榨出的油也是古代人们的食物和药物，墓穴的绘画和雕刻艺术都颂扬了这种重要的植物。 埃及人种植棉花的传统是从亚洲流传过来的，最终可追溯至巴基斯坦，这个地方是中美洲之外棉花的另一个起源地。 用棉花织布的方式大约在公元900年到达欧洲，并且在此后的400年内一直向东传到中国、韩国和日本。

布料来源于植物，植物也令布料变得五彩斑斓，就像在那些毛织品或皮制品中看到的一样。 比如染色茜草（Rubia tinctorum）的根能够产生鲜艳的红色；黄色既可以源于石榴（Punica granatum）的外皮，也可以来自番红花（Crocus sativus）干枯了的雌蕊；而蓝色染料可能取材于多种木蓝属（Indigofera spp.）植物的叶子。 自然染色法还可以从矿物或者动物中提取染色剂，比如活泼的红色就可以用甲虫碎裂的壳染制而成。

重建的乐园

有学者认为《圣经》中所描写的伊甸园应当在美索不达米亚附近，现在这片土地已经被底格里斯河和幼发拉底河所覆盖。 在犹太教和基督教的传统中，伊甸园是地球上神圣而令人欢愉的一个地方，它象征着天真无邪和完美，是人类违抗和罪恶产生之前未被破坏的圣地。 这也表明了早期的文化和文明都

胡萝卜
Daucus carota

人们对胡萝卜产生兴趣首先是因为它的药用价值。公元1世纪时的希腊医生将胡萝卜视为滋补脾胃的良药；地中海流域在基督教时代之前就已经开始种植胡萝卜了，只是不像现在这般普遍。16世纪，欧洲的植物学家描述了胡萝卜的不同品种，如法国的红萝卜和紫萝卜、英国的黄萝卜和红萝卜。在新大陆发现之后不久，欧洲人就将胡萝卜带到了这里，当地的美洲人很快就将胡萝卜融入了他们的文化和生活中。

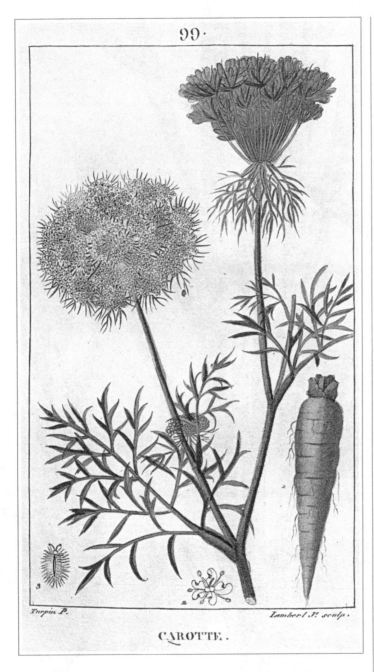

一代又一代杰出的园丁通过自身的不懈努力，将胡萝卜变成了饱满而味甜的橙色之根，就像我们现在看到的这样。而野生胡萝卜依然存在，早期培育出来的品种为紫色或黄色，形态较细，尝起来微苦。

十分重视园林，精心设计的园林只是为了让那些植物的爱好者来观赏，而没有其他实用性的或者商业性的用途。 植物被收集起来种植于宁静之所，远离我们的日常生活，成为人们休息和沉思的好去处。

Gramineae
(Olyrideae)

稻子

Oryza sativa

与其他许多重要的植物一样，稻子如何出现在人类的生活中仍然是个历史谜题。通常的说法是，人类于公元前6000年开始培育和种植稻子，在此后的2000年内，稻子的种植被逐渐推广开来。起初，稻子只是被种植在一些特定的区域，比如中国南方的一些河流沿岸以及稍晚时候印度的恒河流域。中国传说中的炎帝神农氏称世界上最宝贵的东西不是珠宝而是五谷，而五谷之首就是稻子。

稻子对于农民而言有一系列的优秀品质，如它与小麦和大麦等作物比较起来产量更高；它的种子所含水分较少，这使得干燥起来很容易，而且便于长期储存；坚硬的种子抗损能力也很强，易于运输。

稻子的适应性很强，能满足自身的生长需求。绝大多数品种的稻子都生长在水田中，但并非全部如此。稻子有4种主要的品种，每一种都适应不同的气候和农田：干燥的旱稻(它们基本上不需要土壤表层有水)、雨水养育的自然湿润稻、灌溉稻以及生长在深水环境中的淹水稻(它们通常都生长在洪水容易泛滥的平原地区)。

稻子的培育从东亚逐渐向世界各地传播开

1855年的这幅日本木刻画描绘了人们在富士山的注视下在水稻田中辛勤劳作的场景。

来，这一功绩离不开古代波斯人，古波斯帝国的疆土从中亚一直延伸到西欧地区。古希腊人听说稻属植物的时间大约在公元前300年，不过对于他们而言，稻子是一种十分昂贵的进口作物，还不是餐桌上的主要食物。《圣经》中并没有提及稻子，但它却深受伊斯兰先知穆罕穆德喜爱，这种植物随着伊斯兰教在中东、北非和欧洲开始传播。当英国人第一次接触稻子时，他们以为这是一种药物。15世纪，英国皇室成员查尔斯会吃用牛奶、糖和肉桂煮好的稻米。在那个时代，许多人都以为稻子是一种壮阳药。

稻子登上美洲的土地大约是在1650年，有可能是乘马达加斯加的贸易船只登陆的。非洲的奴隶们在庄园中种植并食用稻米，他们对于农业的熟悉使得稻子在一个世纪内就变成了卡罗来纳州的主要作物，很快稻子就在美国的南部地区以及南美洲的沼泽地迅速而广泛地生长了起来。

今天，稻子是全世界一半人口的主要食物，发展出的品种(包括基因工程品种)已经超过8000个。不管是在水稻种植地区还是全世界，水稻都是一种重要的商品。

稻子年代表

| 公元前6000年，中国开始种植稻子。 | 公元前2800年，稻子成为中国种植的五谷之一。 | 大约公元前330年，亚历山大大帝从印度带回了米酒。 | 1519–1522年，麦哲伦船队在马来群岛看到了稻子。 | 1690年，"卡罗来纳黄金稻"繁盛于北卡罗纳，成为新大陆的重要产业。 | 1740年，美国稻的贸易中心从查尔斯顿迁出，在南卡罗来纳逐渐兴盛。 | 1980年，10%的水稻是IR36栽培品种，它是基因工程的产物。 |

古代的波斯皇室和有钱人将最受人尊敬的植物种植到自己的"乐园"（paradise）中。"paradise"这个词起源于古波斯语，本意为带有围墙的围场。园林中该种植哪些植物？它们该种在什么位置？彼此之间如何摆放？灌溉装置和雕塑等该如何和谐地与植物融合在一起？在不同的文化中，人们对于园林中花草树木的应用理念也不尽相同。园艺科学和园艺美学（或者说观赏植物的培育）与园林本身一同发展，还带动了社会对于园丁才俊的需求。社会是一张相互联系的大网，彼此之间可以互相借鉴，就像其他领域一样，有关植物培育和园林设计的新鲜观点亦不断涌现。

巴比伦空中花园是古代世界七大奇迹之一，是早期美索不达米亚最为神奇的花园。然而具有嘲讽意味的是，它也是唯一一个没有留下任何踪迹能证明其曾存在于世的奇迹。不管是从巴比伦废墟的遗迹中还是从古代美索不达米亚地区（位于现今的伊拉克）发现的数千年前的楔形文字记录中，都找不到任何实实在在的证据来证明巴比伦空中花园的悠久历史。巴比伦空中花园被描述为有着不断上升的梯田，上面载满有浓荫的树木，到处都有水果和鲜花，还有旋转的喷泉来灌溉和装饰。相传巴比伦空中花园是尼布甲尼撒二世为取悦他的妻子而建的，这位美人思念家乡米迪亚的山林，整日郁郁寡欢。对于这座赫赫有名却无迹可寻的巴比伦空中花园，也有学者认为它实际上属于尼尼微城，这个城市是底格里斯河流域亚述国的首都，坐落在今日饱经战火的伊拉克城市摩苏尔。

中世纪的药师既是医生、厨师，也是预言家，他们很可能借鉴了古代的知识，并且结合了当地不断尝试总结出来的经验。

经典的观点

自西方世界开始将知识系统化以来，在知识的各个领域内，古典时代的希腊人和罗马人都是楷模。持续发表的新实验、新发现、新猜想，连同公认的传统观点，都被古希腊和古罗马人一起写进论著中，用于传播和指导世人。谈到古希腊和古罗马的知识，尽管我们首先想到的是哲学、数学和物理学，但植物学和其他自然科学也在古典时代严格的审查下得到了发展。

亚里士多德生活于公元前4世纪的雅典，这里同时也是他从教的地方。他从不忽视任何教学的机会，花园就被他用作教学

的场所。 这个花园中有一些地中海地区的常见植物，还有一些是他的学生亚历山大大帝从亚洲收集、运送回来的植物，如棉花、胡椒、肉桂树和菩提树。

亚里士多德隐退后，有关花园的教学和监管工作就转交给了他的学生泰奥弗拉斯托斯，后者是雅典学园的新领导者。 泰奥弗拉斯托斯承接了亚里士多德的所有学科，在植物领域做出了非凡的独特贡献。 他写了两部论著《植物史》和《植物之生》来介绍西方植物学的发源，这两部著作在描述、鉴别和栽培植物方面都具有开拓性的意义。 玫瑰种植技术是泰奥弗拉斯托斯本人一直在钻研的一个领域，他对玫瑰的芬芳非常赞赏，这也从另一个侧面体现出玫瑰栽培技术在古希腊已经发展了起来。 希腊人把对玫瑰的热爱传递给了埃及人，后者使得玫瑰种植在地中海一带犹如快餐店一般蔓延开来。

泰奥弗拉斯托斯凭借他的植物学著作赢得了西方植物学之父和分类学之父的称号。 一直到17世纪，他的作品都堪称植物学界的圣经。 不仅仅是在西方学界，在约翰内斯·古登堡的印刷技术发明后，东方也有其作品的版本。 生活在公元1世纪的迪奥斯科里德斯对药用植物有着浓厚的兴趣，他当时是军队的一名外科医生。 迪奥斯科里德斯的作品《药物论》最初用希腊文写成，但人们更熟悉的是这本书的拉丁文版本。 这本书面世后很快就成为药物学领域人们首先要查阅的经典著作，就像泰奥弗拉斯托斯的作品一样，它的权威地位一直持续了约1500年。

外来植物通常会沿着商贸路线传播，如丝绸之路，或者由探险家们开辟出的水路。种子一般是植物传播的唯一方式，因为秧苗在旅途中很难存活下来。

古罗马人对植物学的贡献还包括老普林尼的著作，他在公元1世纪出版的《博物志》一书中阐述了自己对自然世界的看法。尽管有些地方有想象的成分，但是这本书仍然像一道亮光，点亮了恢宏的罗马帝国的植物学和园艺学，甚至影响到希腊的万事万物。他的作品对罗马人疯狂修建花园的时代进行了描绘：即使是最小的别墅也有自己的绿荫路，很可能还包含鸟舍、雕塑、喷泉、水塘和溪流，当然还有那些生动展现花儿、树木和鸟儿的美丽壁画。这一胜景被后来发掘庞贝古城和赫库兰尼姆古城的考古学家们所证实。

罗马花园的设计风格在整个罗马帝国内流行开来，比如后来在不列颠群岛西苏塞克斯郡齐切斯特发掘的菲什本罗马宫殿遗迹。罗马风格延续多个世纪，从根本上影响了意大利文艺复兴时期的规则式庭院的修建方式。

中世纪的诊所：教会人士所在地

在破晓之前起身，例行念诵之后，离开静谧的修道院，前往几步之外的花园，那儿到处还垂挂着清晨的露珠。这是一位14世纪英国僧侣的早晨，他将在这个花园里待上整整一天，悉心照料种植草药的苗床。直到某天，来了一名访客，他身患胃绞痛，持续性低热，身上长有让他疼痛不已的疖子，并且存在睡眠障碍。他急需摆脱这一切病痛。僧侣将病人带入一间棚屋，那儿有一筐筐的叶子、树皮、根、花、种子以及浆果，它们都是从植物身上获得的。僧侣从这些筐内各取了一些材料，搭配起来后交给这位饱受病痛折磨的病人，并嘱咐他回家后将这些植物材料熬制成浓稠的药液或制作成药膏。

修道院的花园在中世纪的西方社会中相当于植物学和医学的总指挥部。僧侣们播种植物，收获植物，研究植物的功能和作用，同时也实践治疗的艺术，为皇室成员和平民百姓们配制治疗疾病用的草药。在植物学知识方面，他们作画时主要依赖一些古典作家（例如泰奥弗拉斯托斯和迪奥斯科里德斯）的作品。他们不仅让这些珍贵的作品变得更加鲜活，而且加入了很多新的发现。此外，他们还亲自编写植物手册，并进行绘图。

僧侣们对于某些"全能"的草药特别依赖，尽管他们想多培育出一些药用植物。例如，猫薄荷（*Nepeta cataria*）是一种被经常使用的草药，能够治愈包括咳嗽、擦伤和疝气在内的许多疾病。在中国的茶（*Camellia sinensis*）流传到西方之前，猫薄荷一度被作为茶品饮用。总而言之，这种低调的草药曾被赋予了众多的用途。尽管对人似乎有一些镇定的功效，不过在世界上很多地方，它们现在只是无聊家猫的兴奋剂。

还有另外一种原产于中亚地区的传统草药——大麻（*Cannabis sativa*），它们也占据了修道院花园里的许多地盘。这种植物的花中含有一些可引起精神兴奋的化学成分。如今大麻只在个别地方才能被合法地用作处方药，并且必须是在某些特定治疗的情况下，比如化学治疗引起的眩晕、多发性硬化引起的痉挛或者青光眼带来的光学压力。不过在中世纪，僧侣们在治疗各类疾病时常会推荐大麻，比如失眠、肌肉疼痛甚至皮肤癌。大麻还有很强的经济价值，可被广泛用于制作耐用的麻绳以及纺织成帆布。帆布的英文名称"canvas"就来源于大麻属（*cannabis*）这个词。

净化空气

我们今天的生活伴随着各种防腐剂、防臭剂、芳香蜡烛以及香体露，这令人难以想象以往人们的生活究竟有多

"那些写过草本植物或者植物这一大类的人向人们传授植物所具有的显著特征……并且他们声称有些植物具备一定的能量，不管是内服还是外用都能发挥作用。"

——伽林，评论希波克拉底《人类的本性》，公元180年

人们一直都很珍视番红花（*Crocus sativus*）的价值，特别是由它带有成熟花粉的雌蕊柱头制作而成的鲜黄色调料。中世纪的植物志也对该种植物的药用价值进行了记载。

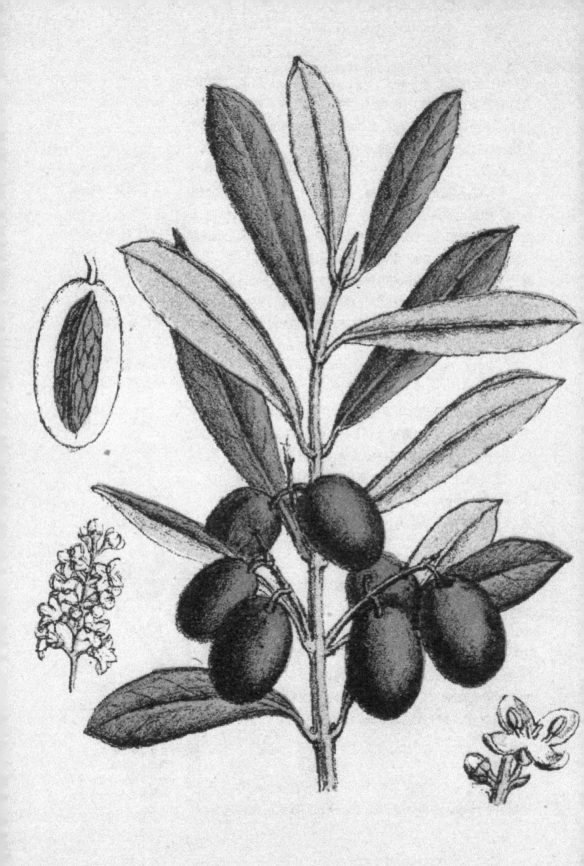

油橄榄

Olea europaea

油橄榄的原产地现在依然没有弄清楚在哪里，但似乎深深地扎根于中东地区。地中海东部可能是率先开始培育油橄榄的地区，在那里油橄榄果实很快变得十分重要。根据考古学记录，油橄榄在日常生活中较为常用，那一地区的陶瓷品闪闪发光的原因就是它们的表层涂抹过橄榄油。

油橄榄树成功地融入了当地的很多宗教，不管是异教还是一神论宗教。根据古希腊神话的记载，雅典娜和波塞冬在争当雅典守护神的时候需要为雅典人提供一种有价值的物品，然后由上帝进行评判，宣布所提供物品更有价值的那一位获胜。当波塞冬献出盐水温泉时，雅典娜以油橄榄树为筹码，最终赢得胜利，成为了这座希腊最大城邦的守护神。

在基督教传统中，诺亚在洪水期间从方舟中放出一只鸽子，鸽子返回时口中衔着一根橄榄枝，这象征着洪水已经消退，新生活就要开始了。时至今日，橄榄枝依然是和平的象征。

油橄榄树可称得上是人类培育出的最为古老的树种之一。它的野生形态更像灌木丛，如今培育的油橄榄树能够长到三四米高，长着长长的、矛状的叶子，而且果实属于核果，单核，果皮较薄，果肉较厚。

15世纪弗兰德画家汉斯·梅姆林的画中描绘了一位手持橄榄枝的天使，橄榄枝数世纪以来都是和平的象征。

油橄榄树需干燥而炎热的环境，因而它们多分布在北纬和南纬30°到45°之间的地区。它们那坚实的树干抗衰老能力很强，生长数百年的油橄榄树照样可以结实。刚从枝头摘下的油橄榄果不宜直接食用，经过多个世纪的摸索，人们根据果实的成熟程度或文化偏好有了许多加工油橄榄果实的方法。

黑橄榄和青橄榄可能来自同一棵油橄榄树，这主要看它们是在哪个阶段被摘下来的。青橄榄是在没有完全成熟时摘下来的，而黑橄榄则已完全成熟，成熟后的果实中含有20%～30%的橄榄油。

如今世界各地生产出来的橄榄油超过200万吨，主要来自于地中海地区的国家，如西班牙、意大利、突尼斯、希腊、葡萄牙、土耳其、摩洛哥和叙利亚。阿根廷、澳大利亚以及美国(加州地区)等地对世界市场也有贡献。

油橄榄年代表

公元前4000年，叙利亚和巴勒斯坦地区开始种植油橄榄。	公元前3000年，油橄榄是希腊克里特岛的首要商品。	公元前1600年，携带着橄榄油的船只在靠近土耳其的海域失事。	公元前850年，希腊运动员在练习结束后使用橄榄油来清洁自己。	160年左右，加图在《农业志》中描述了油橄榄的培育过程。	1800年，杰斐逊将油橄榄作为主要的出口商品。	1900年，西班牙和意大利在橄榄油的生产上遥遥领先。

么难闻。 仅仅一个多世纪之前，生活中还充满各种臭味，尤其是在城市中，那时没有完善的排水设施和卫生设施，却同时居住着许多基本不洗澡的人和数不清的动物。

中世纪的时候，城市化的进程大踏步向前迈进，每一次从街头散步归来，人们的鼻孔都会频频遭殃，依赖的补救办法就是使用草药。 医生和律师随身带着这些草药用以抵消臭味并预防患者和被告人身上疾病的侵扰。富人们佩戴价值不菲的香囊，里面盛有芳香精油和草药，这就形成了一个专属于个人的清香区，其他必须冒险闯入人群的人只能从手杖顶端（装有草药）嗅得一点香味了。 类似这种防御性的方法一直持续到维多利亚时代，人们在短途旅行或到嘈杂场所时还会随身带着小花束。 中世纪的时尚潮人们当然想得到最新和最具有异国情调的植物和芳香精油，这种需求也促使植物贸易变得生机勃勃。

伊斯兰植物园

西方的植物学和药学典籍基本上都收藏在基督教的修道院内。 大约在公元7世纪，伊斯兰教开始扩张，随之将新的植物种类、植物审美和植物知识引入西方。 伊斯兰教发展迅速，在短短的几个世纪内，它的影响力就到达了印度和伊比利亚半岛，后者的名称还被伊斯兰教称为安达卢斯。

伊斯兰植物学融合了西方世界中的经典植物学知识和波斯园林文化的哲学理念，再经由阿拉伯港口、内陆以及丝绸之路而来的各种新植物和新理念点缀，愈发繁荣。 丝绸之路将印度、中国以及中间的许多地方同近东地区联系了起来。 这段通道被印上丝绸的"符号"，丝绸是中国人在公元前3000年前通过收获蚕茧而制造出的珍贵丝织物。

蚕丝的生产过程始于桑蚕大吃特吃桑树的叶子，当它们准备好变身时，就会分泌出一种很细的丝，一个蚕茧中的丝完全伸展时可长达1600米。 它们将这些细丝一圈又一圈地盘绕起来，最后形成茧。 在飞蛾快要形成前，将那些未破的茧煮沸，这样就可以收集到完整的蚕丝，这是中国人总结出的办法。 桑树以及给当今生活带来快乐的桃树、李树、杏树、竹子

今天花园中常见的三色堇的祖先——野生堇菜（*Viola* spp.），又名 "heartsease"（心平气和之花），这个名字也许蕴含着治疗心脏病的含义，也许只是为了听起来浪漫。

The Table of Vertues.

"从阿勒颇到的黎波里要经过40个城邦……甘蔗在这里繁盛地生长着，就像橘子树、香橼树、香蕉树、柠檬树以及枣椰树一样。"

——纳西尔·霍斯鲁，《叙利亚和巴勒斯坦旅行日志》，1052年

约翰·杰拉德的《植物志或植物史略》是英国最著名的植物志之一，该书于1597年首次出版。1636的版本经过"多次扩增和修订"后，加入了"草本、树木和植物习性与特点"这个表格。

等植物，只是那些沿着丝绸之路进入西方世界的植物的一小部分。从丝绸之路传入西方的还有中国的造纸术，这种造纸术将构树的浆液和其他纤维混合在一起，从而造出高质量的纸张。

植物在伊斯兰文化中具有较高的地位，无论是在艺术领域还是其他领域。波斯人花园中的植物和地毯的设计相互呼应，

既满足了具有象征意义的精细设计的需求，还勾勒出当地人对于天堂的想象：芳香的玫瑰，浓郁的柑橘，营养丰富的枣椰树、红石榴、无花果树，以及清爽的流水。

诸如此类对于天堂的描绘在阿罕布拉宫中得到了很好的展现，阿罕布拉宫是摩尔人在格拉纳达城建立的宫殿，也是西班牙南部地区的最后一个要塞。阿罕布拉宫花园，又被称为红宫，引入了许多植物品种，反映出阿拉伯人统治时期的力度。伊斯兰教在西方衰落后，它开始向东方转移，在莫卧儿帝国时期将光辉带到印度北部的高山和平原地区。

峭壁上的世界

在15世纪中期，东西方文明想从对方那里获取植物资源的想法与日俱增，贸易也开辟出了从陆地和海洋引进植物的线路。他们都想要获得那些绝大部分生长在阿拉伯半岛南部、印度、斯里兰卡、摩鹿加群岛（也称为香料群岛，属于如今的印度尼西亚）等南亚地区的珍贵品种。

由于世界各地的强劲需求，不仅香料的贸易者和主要的港口城市（比如埃及的亚力山大港）获得了巨大的利润，那些代理配送浆果、干果、种子、花朵以及树皮的中间商也都从中获利。树皮是香料的主要来源，比如肉桂、肉豆蔻、小豆蔻、丁香。数量庞大的贸易满足了人们挑剔的味蕾，不过总体来说，最有价值的调味料——黑胡椒（*Piper nigrum*）的需求量是最大的。

这种又被称为胡椒的香料主要用来缓和腌肉过度的咸味，在那个时代长期保存肉类的唯一方法就是用盐腌制。在亨利八世战争时期沉没的"玛丽·罗斯号"，于20世纪80年代在朴茨茅斯被打捞上岸，它证实了1545年随该船一起沉没的水手每人都携带有一包干胡椒。

对香料的需求也使得在盛产调味品的地区出现了早期的商业间谍活动。为了隐瞒原料的来源，很多荒谬的故事被编撰了出来。公元前4世纪，希罗多德曾描述"有翅膀的动物，比如以蝙蝠为代表，会发出骇人的尖叫，非常凶猛"，并且它们显然具有啄人眼球的能力，守卫着有辛辣气味的肉桂丛林。肉桂是樟属植物，是阿拉伯的香料猎人们收集的对象。

所有这些策略的目的都是为了吓跑竞争者，确保价格能够

"贝母那庄严的美丽，无愧于它在美丽花园中高居榜首的地位。"

——约翰·帕克森，《太阳公园的人间天堂》，1629年

Fritillaire Impériale.

P. J. Redouté _59.

不断上涨。　人们可以用香料来支付租金，为结婚费用买单，甚至赎回一座城也只需支付一定量的胡椒即可，就像罗马人曾对待西哥特人和匈奴人那样。　在过去的千年里，胡椒一直是无可争议的奢侈品和富贵的象征，而人们对于这类有利可图的植物的贸易竞争才刚刚开始升温。

豪华而又充满异域风情的花贝母（*Fritillaria imperialis*）在16世纪后半期被引入君士坦丁堡，成为花园中的皇后。

发现

1450-1650

15世纪末大航海探索前夕，巨变即将来临，不仅人们很快要以一个全新的视角来看待这个世界，大自然和人类社会也需要建立新的平衡。很多地方将发生不可逆转的变化，其程度也是前人难以想象的。这些变化涉及人类生活的很多方面，如财富、权力、统治、疾病和毁灭；在大自然范畴内，地球上的植物分布也要被重新安排。这仿佛打开了一道闸门，把植物放到了贪婪的财富中心，置于个体和族群的竞争中间，同时以一种更有生产力的方式，激发人们用全新的视角去理解旧事物。在探索时代末期，很多从古罗马和古希腊时期留存下来的植物学概念逐渐让位于实证研究产生的新知识，这些新知识依据的植物有的来自当地，有的是从各种园林里收集来的。这些园林一开始是出于实用或医用目的而建立的，后来逐渐向观赏性转变。这个时代初期诞生的约翰内斯·古登堡印刷机也令新知识迈着轻快的步伐奔向广大的读者。

对页图：香蕉是一种不寻常的植物，虽然它看上去是木本植物的样子，但因为它的枝干不会继续变粗，所以在植物学上它只能算是一种草本植物。公元前327年，亚历山大大帝将香蕉从印度带入西方。今天我们所食用的甜美的黄香蕉来自绿香蕉和可烹饪红香蕉的突变品种。

前页图：第一株西番莲是1619年从南美洲引入欧洲罗马的。

植物发现时间线：1450-1650

❀	知识与科学	权力与财富	健康与医药
非洲和中东地区	1592年，普洛斯佩罗·阿尔皮尼的《埃及植物》中出现了第一张咖啡图片。 1593年，葡萄牙在蒙巴萨港建立了耶稣堡。	1497年，达·伽马在好望角建立了葡萄牙的新航线，打破了西班牙对香料贸易的垄断。 1498年，葡萄牙船只抵达非洲东海岸，建立了一个香料贸易点。 1598年，法国和德国颁布法律抵制靛蓝的进口，目的是为了保护当地使用菘蓝作为植物染料的工厂。	1473年，埃及苏丹马穆鲁克从魁特贝城堡送给意大利佛罗伦萨的洛伦佐·德·梅迪奇的外交礼物中包含中国瓷器、上等纺织品、礼仪用帐篷、长颈鹿、狮子、糖块、调味料、香料以及中东和亚洲的一些草药。
亚洲和大洋洲	1578年，李时珍完成《本草纲目》的编写工作，里面介绍了上千种植物的药用价值。 1597年，《本草纲目》正式出版，书中收集了传统药用植物的制备方法。	1505年，葡萄牙使者在斯里兰卡登陆，他们承诺保护当地的首领，但要以肉桂作为交换条件。 1512年，葡萄牙管辖了印度尼西亚的摩鹿加群岛，与当地苏丹签订的条约之一就是进行丁香贸易。 1514年，葡萄牙人在班达岛发现了肉豆蔻，打破了威尼斯人的垄断。	1563年，居住在印度果阿的内科医师加西亚·德·奥尔塔出版了一本有关印度药用植物的对话体著作。
欧洲	1471年，13世纪意大利人的作品《庭园指导》在德国印刷出版，这是一本有关古代农业的作品集。 1523年，安东尼·菲茨赫伯特出版了《农业管理论》，该书为第一本农业指南。 1525年，理查德·邦克的《植物志》首次在英国印刷。 1549年，雷奥哈德·富克斯出版了《植物肖像图》，该书有5种语言的版本，里面所描绘的都是生活中的植物。 1597年，约翰·杰拉德的《植物志或植物史略》在英国出版，书中列举了800多种植物。	1519-1522年，斐迪南·麦哲伦进行环球航行，但在途中被杀身亡。胡安·塞巴斯蒂安完成了整个航行，将一些香料带回了西班牙，而且被授予带有丁香、肉豆蔻和肉桂图案的盾形徽章。 1580年，弗朗西斯·德瑞克完成了全球航行，将香料带到英国。 1637年，郁金香涌入欧洲市场。	1514年，罗马大学首次设立了植物医学专业的教授职位。 德国手工上色的蜻蜓雕刻品。
美洲	1547年，费尔南德斯·德奥维多出版《西印度群岛博物志》，该书揭示了新大陆的植物学，书中素材皆源于他在巴拿马、哥伦比亚、伊斯帕尼奥拉20年的生活经验。	1516年，第一艘运糖的船只从圣多明各抵达西班牙。	1552年，马丁·德·拉·克鲁斯完成了一本阿兹台克地区药用植物百科全书，该书最初是用阿兹台克文字写成的，而后很快就被译为拉丁文。

"一定是万能的上帝建造了花园，它是人类最纯粹的欢愉所在。"

——弗朗西斯·培根，《论花园》，1625年

食物与香料	衣物与住所	美与象征意义
大约1475年，世界上第一家咖啡店在土耳其的君士坦丁堡开业。 大约1500年，葡萄牙的贸易者将原产于美洲的花生带到了非洲，花生很快就成为了一种有价值的作物。	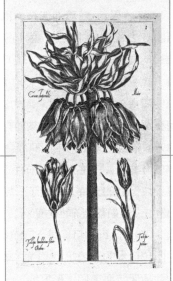	大约1590年，伊朗现存最古老的花园费恩花园落成。 1718–1730年，土耳其帝国享受着和平与富饶，这段时期又被称为郁金香时期。郁金香代表着财富和特权，在建筑物、丝织品和艺术品上都装饰有它的形象。
1480年，约瑟夫·巴巴罗发表文章，记载了他在旅途中饮用中国茶的经历。 1505年，明朝时期的一本中国植物典籍中记载了薏苡仁。		1488–1499年，禅宗僧人在日本京都的龙安寺建造了著名的石庭。 1645年，桂离宫建成，成为日本皇室居所。 花贝母和郁金香都起源于土耳其。
1544年，皮德禄·安德鲁·马蒂奥利发表了欧洲第一部关于"金苹果"的著述，这里的"金苹果"意指西红柿。 从1594年开始，连续4年庄稼歉收，引发了欧洲的大饥荒。 1607年，美洲的黄樟根茶在英国盛行。	1466年，法国国王路易十四世宣布里昂为丝绸贸易之都。 大约1600年，法国国王亨利四世种植桑树，希望能够刺激法国的丝绸产业。	1572年，路易斯·巴斯·德·卡莫写成《露西亚》，这是一本叙事诗集，叙述了以达·伽马为代表的葡萄牙人的冒险事迹，该书将新发现的柠檬比喻为"处女的乳房"。 1633年，荷兰的郁金香狂热者大幅度提高郁金香鳞茎种球的价格。
1493年，克里斯多弗·哥伦布将甘蔗带到了印度西部。 1516年，据说修道士、巴拿马主教汤姆斯·德·贝兰佳将香蕉的根茎从加那利群岛带到了圣多明各。 1519年，墨西哥的阿兹台克人将一种称为xocoatl的当地饮品介绍给了荷南·科尔蒂斯，这是一种用巧克力和香草混合制成的饮品，后来这两种"豆子"都被带回了西班牙。	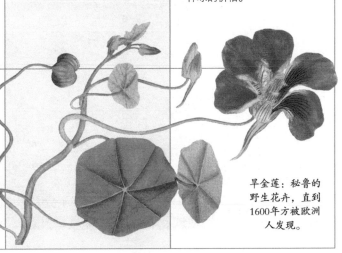	旱金莲：秘鲁的野生花卉，直到1600年方被欧洲人发现。

巧克力
Theobroma cacao

可可（可可属，被喻为众神的食物，就像卡尔·林奈对它的命名一样）具有悠久的药用历史。在中美洲，可可饮品被用来治疗肠道不适、舒缓神经，作用类似于兴奋剂；可可油可以用来缓解皮肤烧伤、割伤，治疗发炎以及皮肤过敏等症状。16世纪到20世纪的欧洲植物志或者药物志中记载了它的许多种用途，在现代的草本药物中，可可粉被用于治疗心绞痛和高血压。可可油也被广泛地用于治疗皮肤烧伤或者皮肤不适，可可豆和巧克力都是抗氧化的良品。

在15世纪末期，制海权大小的首要决定因素来自于竞争对手。航海技术被视为核心机密，人们拒绝与他人分享成果。随着造船技术取得巨大突破，远洋航行成为了可能。那个时期主要的航海国家（西班牙、葡萄牙和荷兰）的主要目的是想开辟一条直达东方印度的航线，希望从那里带回香料、黄金以及其他各种财宝。对于欧洲贸易者来说，远途直达意味着更为丰厚的利润，因为这样既不用在中转地消耗，也不用在贸易区交易香料或者其他物品的时候缴纳税费。而在其他地方，阿拉伯地区的中间商都会通过倒手来获取利润。

1492年8月，一名意大利航海家在西班牙君主斐迪南二世和伊莎贝拉一世的支持下开启了一场远征。他们从西班牙的西南端出发，3艘航船直奔西方航行，这就是克里斯多弗·哥伦布的团队。他们此行的目标是向西航行，发现去往东方的印度且途径中国和日本的最短航线。这一想法使一直沿着非洲西海岸航行的葡萄牙航海家们相形见绌。哥伦布未曾预料到航行路途如此遥远，他误入了西半球，而西半球的东北部早在11世纪就被北欧的海盗莱夫·埃里克森发现了。哥伦布最先抵达的地方可能是加勒比地区的伊斯帕尼奥拉岛，他当时却坚称抵达了日本。随后抵达古巴的时候，他对外宣称到达了中国。尽管错误连连，但哥伦布却用自己独特的方式发现了一个新的大陆。

欧洲人每到一个能利用植物做投机生意的地方，都会在那里构建立起公共关系，制定贸易规则和相关协议。换句话说，

墨西哥坎佩切州的卡拉克穆尔曾经是古代玛雅人居住的城市，这里留有一些壁画，在画中有一个人正在用勺子舀热巧克力，另外一人已经在旁边尽情地饮用这种美味的热饮了。

经过近千年的不断改进，贸易和商品交换规则体系已经确立。并不是人们不懂开发新大陆的好处和方法，只是人们对哥伦布和他的随行者所发现的新大陆的环境和居民缺乏重视。 虽然征服者在新大陆发现了高度发达的文明和深厚的文化，尤其是玛雅、阿兹台克和印加文化引起了一些人的好奇和关注，但并没能抵消当时社会的普遍看法：新大陆上的所有东西都能以任何满足他们需求的方式恣意取用或交换。 这种大规模的掠夺策略被应用在新大陆的一切资源上：人口、动物、矿物以及植物。 其他的领域也得到了拓展，比如进口业务使欧洲人在众多不熟悉的事务中建立起存在感。

等待探索的新大陆

第一次远航让哥伦布饱受赞誉，于是他紧锣密鼓地开始筹划第二次远航，这次航行彻底模糊了新旧大陆的界限。 哥伦布组建了一支由17条船组成的船队，带着数百名船员和乘客出发了。 他们的船只上还载有成批的货物和驯养动物，如猪、牛、马、小麦、大麦、酿酒用葡萄和甘蔗等。 最后一种植物（甘蔗）仅仅是大批奴役新大陆居民、破坏新大陆环境的新引入植物中的第一个。

只用几十年时间，新大陆就挤满了蜂拥而至的西班牙人、葡萄牙人、荷兰人和英国人。1519年荷南·科尔蒂斯从古巴的一个基地向中美洲进发，他先是抵达了墨西哥湾的阿兹台克地区，然后不断向内陆深入，一直到达蒙特祖玛的首都。 在那里，阿兹台克的领袖和臣民错误地把这些征服者和军队看作归来的伟大神明羽神蛇。

科尔蒂斯的手下对阿兹台克的首都特诺奇提特兰感到非常震惊，这座城市建在山谷中的一个小岛上，如今正是墨西哥城的所在地。 那里的一切都令西班牙人感到惊喜，尤其是水上田畦，栽种着蔬菜和花卉的苗床看上去好像漂浮在水面上一样，实际上它是一个由湖岸挖掘而成的泥质平台。

1552年在墨西哥出版的《巴贝多药典》被认为是第一部美洲植物态。它的作者是阿兹台克城的一位医生马丁·德·拉·克鲁斯，然后由他的一位同乡胡安·巴贝多翻译成拉丁文。上图为该书中的彩色插图。

水上田畴连同那些被群山环绕的梯田为周围蔓延开的特诺奇提特兰城提供了食物，这座城市可远比同时期的伦敦要大上好多倍。 不像巴比伦花园那样没有留下任何地基或者图像来证明它的恢宏壮丽，特诺奇提特兰的植物奇迹就出现在由西班牙征服者亲手绘制的图纸上。

几十年后，弗朗西斯科·皮萨罗将会再一次重复这种征服的全过程，导致印加帝国的溃败并将印加文明所能提供的一切据为己有。 在安第斯山脉的高原地区，印加人种植了许多土豆和玉米品种，即使在马丘比丘那高达2400米的陡峭梯田上，它们也能繁盛地生长。 马丘比丘通过一条完善的高地山路系统与印加帝国联结在一起。 随着此后数十年持续不断的探索，征服者和探索者每入侵一个新的区域，都能发现大量的植物资源。

东方即东方

1488年，巴尔托洛梅乌·迪亚士沿着非洲西部航线进入好望角，他的冒险为同乡达·伽马的远航做了很好的铺垫。 10年之后，1498年5月达·伽马和他的船队完成了从欧洲到亚洲的第一次直接航行。 在即将踏上印度马拉巴尔的克里克特海岸时，达·伽马船队中的人们高呼："为了耶稣基督和香料！"

马拉巴尔拥有大量的基督徒，因为几个世纪前叙利亚的基督教贸易者在此处建立了殖民地。 很快，当地基督徒的数量又增长了许多，这都是因为香料，更准确地说是因为黑胡椒。 黑胡椒在欧洲的需求量如此之大，以至于跟黄金的交换比率多次达到了1∶1，而世界上也再没有任何一个地方（现在依然是）能种出比马拉巴尔更优质的黑胡椒了。

对于欧洲和东印度之间香料贸易路线的形成，达·伽马的贡献自然是突出的。 曾经在一段时期内，葡萄牙在胡椒贸易市场上占据统治地位，而此前在胡椒贸易中占有重要位置的威尼斯的地位则被削弱了。 20年后，斐迪南·麦哲伦跟随着哥伦布的步伐，从葡萄牙向西航行，开始了周游世界的旅程。 尽管麦哲伦在航行途中不幸死亡，但是他的一支船队却到达了西印度

"如果将肉豆蔻多嚼一会儿，然后含在嘴里，就能够帮助人们祛除口臭，呼出一股香甜的气味。"

——约翰·杰拉德，《植物志或植物史略》，1597年

在那个既没有制冷技术也没有良好卫生设施的年代，那些种子中含有芳香油（比如肉豆蔻，上图）和根茎能够发出香味的植物（比如檀香，对页图）一直都是人们梦寐以求的东西。

Santalaceae
(Osyrideae)

Santalum album L.

43

群岛，此后将大量的肉桂、丁香、肉豆蔻和紫檀香带回了葡萄
牙，创造的经济价值远远超过了整个航行的消耗。

黑胡椒

Piper nigrum

人们最初使用香料是为了掩盖一些难闻的气味，这和今天它们被用来增加香味形成了鲜明的对比。几个世纪以来，黑胡椒（被视为香料之王）饱受赞誉的原因是它能在掩盖腐烂食物气味的同时让饭菜变得更加美味。人们对于黑胡椒的需求使得大量船只被派去远航，还戏剧性地改变了当时的已知世界。黑胡椒是由生长在印度马拉巴尔海岸的一种藤本植物的浆果干化之后形成的，制备方法如下：将完全成熟的绿色浆果采摘下来，经过一夜的发酵，然后由太阳照射，直到颜色变深为止。白胡椒源于同样的浆果，只是采摘的时间要再晚几天，制作过程也有所不同。绿胡椒则需要采摘那些还未成熟的浆果。

尽管胡椒在史前时代就一直生长在印度，但是印度之外的其他地方却甚少提及胡椒，直到罗马和希腊时代，那时胡椒被作为香料从亚洲开始进行跨地区贸易。因为十分罕见，而且在遥远的路途中运输费用极高，胡椒的价格十分高昂，只有有钱人家才能享用。大约在400年，阿拉里克带领着他的日耳曼军队第一次进入罗马，他答应撤退的条件就是罗马需要给他们1360千克的干黑胡椒。黑胡椒被视为货币的历史相当久远，直到中世纪时，它都一直被用作租金和嫁妆。

作为古代的黑色金子，胡椒在航海旅行有生命危险的时代是一种贵重的外来物品。

胡椒这种外来物品的流行，间接促进了意大利城市威尼斯和热那亚的发展，胡椒贸易使得这两个城市十分繁荣。1381年，威尼斯在对热那亚的海战中获胜，于是在此后的几个世纪内一直垄断着胡椒贸易。由于整个欧洲都依赖从威尼斯进口而来的香料，这也意味着他们可以漫天要价。

15世纪，欧洲国家开始厌倦了这种垄断的状况，他们悄悄地发展着自己的航海能力，分别派出船队去印度寻找可交换香料的线路。哥伦布向西航行，达·伽马向东航行，后者对好望角的发现彻底推翻了威尼斯香料的垄断地位。

这样看来，我们得感谢黑胡椒在那个特别的远征时期散发出的撩人香味，正是因为它独有的魅力，新大陆才得以展现出自己的全貌，新的香料才能涌入世界各地的市场。即使在今天，黑胡椒依然是香料之王，全世界的人们都在享用它，能与它一较高下的只有餐桌上的常客——盐了。

黑胡椒年代表

| 公元前460年，希波克拉底将黑胡椒列为药材。 | 公元前80年，贸易者通过"胡椒大门"进入埃及的亚历山大城。 | 92年左右，罗马有一条街道是用胡椒命名的——胡椒路。 | 1179年，伦敦成立了胡椒协会。 | 1498年，达·伽马向东方航行到达亚洲，胡椒的价格开始下跌。 | 1600年，英国东印度公司成立，主要进行香料贸易。 | 1976年，世界胡椒贸易创下新纪录：2.2亿英镑。 |

糖与羞耻

1505年，一艘开往新大陆的大船满载"货物"，只不过这一次运送的不是植物，而是首次从西非运送到加勒比海的奴隶。奴隶们被送往美洲去从事一些开发自然资源的劳动密集型工作，辛苦的农活是必不可少的，如种植甘蔗。为了防止他们反抗或者自杀，男性奴隶通常都会被链子拴在一起，密密地排成行挤在甲板下。奴隶的死亡率极高，尤其是在奴隶贸易最初的几个世纪内，有时高达50%，那也就意味着生产1吨糖所付出的代价就是一位奴隶的生命。

哥伦布很快就估计出了美洲热带地区甘蔗生产的潜力，在1493年的第二次航行中，他带着许多甘蔗接穗到达了圣多明各。欧洲人很早以前就被糖深深吸引，即便当时在茶和咖啡中加糖还不怎么流行。作物的生产需要大量的男性劳动力，然而当时本地人的数量却因传染病和西班牙的入侵而急剧下降，走出这种困境的唯一出路就是输入劳动力。据估计，仅仅为了种植甘蔗，在当时对于奴隶的需求量就达到了250万到600万。

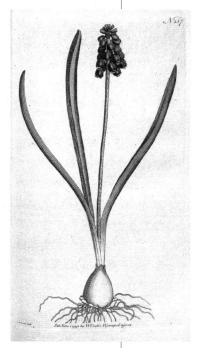

葡萄风信子（*Muscari botryoides*）生长在欧洲南部，在植物学界的两位巨匠约翰·杰拉德和约翰·帕金森的花园中都有种植。

从西非到达加勒比海的航线称为中央航线，它已经成为三角运输航线的一条边，糖浆和朗姆酒被运往英国，衣物、枪支和一些其他的必需品又被运往非洲来交换奴隶。在350年内总共交换到新大陆的奴隶一共有1300万之多。种植园因种植甘蔗而获得了巨大的利益，糖也被称为白色的金子，在此后的数十年甚至数世纪，烟草、棉花、茶叶、咖啡和橡胶等作物都难以与之匹敌。当然，甘蔗的种植也促使了奴隶贸易的形成以及其他一些不合理的人力剥削。

变换口味

从美洲传向旧大陆的食用植物有很多，罗列起来就是一个长长的名单，比如玉米、土豆、甘薯、西红柿、木薯、花生、辣椒、扁豆、南瓜和可可等。然而欧洲人接受美洲的水果和蔬菜的过程却极为缓慢，在有些人的观念中，这些外来的食物不属于基督教世界，自然不应当被食用。

Published as the Act directs June 1. 1790 by W. Curtis, St. George's Crescent.

"这些人拥有很多被称为胡萝卜的粗根，它们闻起来有点儿像栗子。此外，他们还有许多种豆子，与我们的品种完全不同……有成千上万种果实，我不能一一叙述，但都具有很高的价值。"

——哥伦布，日记，1492年11月4日

直布罗陀白烛葵（Iberis gibraltarica）原产于北非地区，在石灰岩的山坡上生长繁盛，被带到北方地区后常用于温室观赏。

"梅加尔对塞尔维亚商业之家的总督头说，如果能够给他船只、人员和火炮，他就能够发现一片新的陆地，并且将黄金、丁香、肉桂以及其他有价值的东西带回来。"

——加斯帕·柯雷亚，《印度传奇》，约1560年

LEONHARTVS FVCHSIVS
AETATIS SVAE ANNO XLI.

德国医生雷奥哈德·富克斯被认为是植物学先驱之一，为了完成《关于植物历史的著名评论》这本书，他雇用了3名艺术家绘制植物插图，并开启了植物绘图追求精确的先河。

他们承袭了大部分古希腊和古罗马学者的食物清单，并且认为如果某种植物在旧大陆不存在，那么一定是有原因的，很可能是源于上帝的旨意。

在种种观念的影响下，人们一直用异样的眼光看待玉米、土豆和西红柿这些植物品种，但是这并不能阻止欧洲人出于新奇或者除食用外的功用而抬高这些植物的价钱。当法国人第一次与土豆相遇时，他们将这种植物视为观赏植物，因为它的叶片和藤蔓看起来都十分可爱，而地底下有营养的这部分反而不受重视。

慢慢地，欧洲人开始食用这些来自新大陆的食物，西班牙人是品尝玉米的第一人，其他民族紧随其后也开始尝试。1521年，玉米跟随着麦哲伦的远航船队登陆菲律宾，而后又在非洲扎根。非洲成为了玉米的宜居之地。

与其他农作物相比，土豆的亩产量是最高的，因此它成为了北欧重要的作物。土豆在战争时期具有一个额外的优势，尤其是在敌军经常掠夺食品店的时候。土豆和其他作物不同，它们不需要按时收割，而是可以留在泥土中，因此敌军士兵想要快速挖走它们就没有那么方便。后来土豆成为农民特别是爱尔兰人的重要依靠，这也引发了19世纪爱尔兰灾难性的大饥荒。

意大利人无疑是最早品尝西红柿的人，不过那个时候的欧洲人对西红柿果实如此小心翼翼，以至于他们在见过西红柿100年以后（即17世纪中期）才开始食用它们。时至今日，意大利餐中若没有了丰富的西红柿反倒成为了不可思议的事情。并不仅仅是新大陆的食物被欧洲人低估，东方的食物也一样被拒之门外，一直到15世纪欧洲人在锡兰（现在的斯里兰卡）发现了香甜多汁的橙子，他们才更加重视柑橘植物的口味，而并非它们的气味。

有人喜欢辣

同西红柿相比，其他在烹饪中用到的新食材让人们更感兴趣。不出所料，很多人沉迷于各种新鲜有趣的辛香料。这些带有辣味的果实也被哥伦布

这种艳丽的、悬挂着雍容华贵的花朵的灌木名为倒挂金钟（fuchsia），它由查尔斯·帕鲁米尔命名，用于纪念雷奥哈德·富克斯（Leonhard Fuchs）。帕鲁米尔曾是一名僧侣，后来成为皇家植物学家，他曾3次航行前往新大陆。

Gramineae.

Saccharum officinarum L.

甘蔗

Saccharum officinarum

食用糖作为"奢侈品"最早起源于印度的热带地区。甘蔗是提取食用糖的主要作物，作为一种草本植物，它能够长到四五米高。甘蔗在生长过程中需要大量的日照和水分，而且需要长达10个月的时间才能成熟。将甘蔗秆压碎之后可以提取出甘蔗汁，经过澄清和浓缩后变成糖浆，然后再结成晶体。我们今天所种植的甘蔗可能是为了提高产量经过杂交得来的品种。

牲畜和非洲奴隶为热带殖民地压榨甘蔗秆和浓缩甘蔗汁提供了所需的劳动力。

人类开始吃食用糖的时间应该早于历史记录，数世纪以前人们对糖分的渴望仅仅依靠咀嚼甘蔗秆就得到了满足。根据梵文资料的记载，在公元前500年压榨制糖方法就已经出现。波斯士兵偶然接触到印度河流域的甘蔗，称它们是一种不用蜜蜂就能产蜜的芦苇。甘蔗最初被用作药用植物，但现在这种用途已经被人遗忘。

食用糖从印度开始向东方和西方传播。13世纪，马可波罗在旅行结束时形容制糖业是他在中国土地上见到的最伟大的奇迹。中世纪时食用糖从巴勒斯坦传到欧洲，这种甜甜的商品很快就在15世纪从欧洲启程的全球航海中发挥了重要作用。

哥伦布在1493年将甘蔗带入海地，加勒比地区的甘蔗产量很快就可以与印度相匹敌。随着对糖以及其副产品糖浆的需求增加，一项跨越新旧大陆的三角贸易诞生了。加勒比地区种植的甘蔗被运往英国，而英国的物品被装载上船运往非洲，用这些物品换取奴隶后，再用同一艘船将奴隶送往美洲去种植甘蔗。这项三角贸易使得少数人发了大财，却导致了更多奴隶遭遇不幸。

1811年英国皇家海军阻碍了法国通往新大陆的入口，切断了糖的供应，拿破仑·波拿巴被迫需要找到法国人钟爱的糖的替代品。甜菜被证明含有糖分，最终在19世纪末期由甜菜制成的糖的产量超过了蔗糖。

甘蔗年代表						
公元前500年，根据梵文记载，印度种植甘蔗。	600年左右，食用糖向东传到中国，向西传到黎凡特。	1099年，返乡的天主教士兵首次将食用糖带到了英国。	1493年，哥伦布将甘蔗运往伊斯帕尼奥拉岛。	1520年，葡萄牙人在巴西大力发展甘蔗种植业。	1650年，在巴巴多斯，人们用糖的副产品制成了朗姆酒。	1747年，从甜菜根中提取食用糖的技术得到了发展。

命名为胡椒（实际上应为辣椒，部分原因是他顽固地认为自己到达的地方一定是印度），吸引了欧洲人对新大陆的关注。

1529年，德萨哈刚以一名传教士的身份到达墨西哥，他记录了阿兹台克人"在食用青蛙时要配上绿辣椒，食用蝾螈时配上黄辣椒，食用蝌蚪时配上小辣椒，食用龙舌兰虫时配上小辣椒酱，食用大龙虾时配上红辣椒"。我们现在已经知道，烹饪时辣椒能让蛋白质的味道变得更加美妙，这种做法已经在全世界流行开来。早在它们向北和向东迁移时，各式各样的辣椒种子就已经经西班牙神父之手传到了其家乡伊比利亚岛。在南亚和东南亚，辣椒也很快成为菜品中必不可少的食材。它融入得如此充分，以至于此后的来访者将这片区域视为辣椒的起源地。

香草或者巧克力——双赢组合

香草种荚充满浓郁的兰花香味，阿兹台克人将它们制作成调味品，如果在其中加入巧克力，那更是令人欲罢不能，这让欧洲人接受起香草来毫无压力。荷南·科尔蒂斯在蒙特祖玛的首都品尝完这二者混合而成的饮料后将其带回了西班牙。

欧洲人钟爱香草，它不仅有入口后的香甜感，连闻起来都有甜香味。不过只有经过数月的时间慢慢变干，包括香草醛在内的各种有机化合物才会在种荚内积累到一定数量。当积累到

意大利的帕多瓦植物园是世界上最古老的大学植物园，建于1545年，里面专门种植了一些药用植物，目的是为满足实验或教学之用。它在欧洲人研究外来植物的过程中发挥了重要的作用，当时为了将小偷拒之门外，还特意修建起一道围墙。

历经这么多世纪，1585年引种的一株地中海扇叶蒲葵（*Chamaerops humilis*）依然生长在帕多瓦植物园中，一株银杏树和玉兰树的引种时间也可以追溯到18世纪中期。

一定程度后，香草醛类的微小结晶就会凝结在高质量香草豆的表层。 虽然人们发现香草时欢欣鼓舞，并试图探索这种兰花深层的奥秘，但在培育香草的过程中却陷入了困境。 人们花费了两百多年的时间才搞明白，香草花授粉要么需要一种只生活在中美洲的山野中的、非常小的蜜蜂的帮助，要么需要人类用一种纤细的工具（如木针）来帮助它。 这个秘密于1841年在印度洋的法国殖民地波旁终于被揭开，一旦为人们所知，大规模的商业开发也成为了可能。

　　与香草相比，阿兹台克人饮用的热巧克力的主要原料更让欧洲人兴奋，而且后者培育起来也更容易。 巧克力是由热带植物可可（*Eobroma cacao*）制作而成的食品， 1502年的哥伦布可以算作是第一个与巧克力相遇的欧洲人，不过科尔蒂斯才是第一个品尝巧克力的欧洲人。 在蒙特祖玛的一次仪式上， 他作为重要来

"可可这种饮品是最为健康的东西，它是你在这个世界上可以喝到的能量最高的饮料。 一个人若是喝上一杯可可，就可以尽情地想走多远就走多远，即便一天不进食都不成问题。"

——科尔蒂斯的一名随从人员所述，1556年

客而有幸尝到一杯巧克力。 当时，这种饮品只有精英阶层才能饮用。

　　一个世纪以来，西班牙人一直对外界隐瞒着这种神秘的饮料，他们用热水冲泡可可，然后再撒上香草和肉桂。 但在当时热巧克力的饮用只限于权贵阶层，哪怕是后来它在欧洲各地风靡时，也只有富人们才承受得起。 这种现象一直持续到19世纪中期，那个时候法国人和西班牙人分别在他们的殖民地加勒比地区和菲律宾种植了大量的可可。 不同于香草培育的神秘性，可可树的种植十分容易，它们喜欢生长在潮湿、阴暗的热带环境中。

新大陆和旧大陆的植物

　　在发现新大陆初期，西方世界对于美洲的植物还没有太多的认识，但是当地的土著人对于家乡的植物倒还有所了解。 几乎是在同时，欧洲开始建立一些有较强实用性的植物园，它们通常都会附属于一所大学，这样就能够更好地用于教学或者药用植物研究。 1543年修建的意大利比萨植物园和1545年修建的帕多瓦植物园可以称为欧洲第一批大学植物园。 不过在墨西哥，伟大的阿兹台克城市特诺奇提特兰已经建造了自己的植物园，这大概是当时世界上最大的一所植物园了。 阿兹台克也有一些手写的植物品种记录，包括一份1552年的手稿。 它们是由墨西哥的圣克鲁斯·德特拉特洛尔科学院的两名学生所编写的，这也是第一部美洲植物志。 该书用阿兹台克文书写，绘画者是马丁·德·拉·克鲁斯，此后由胡安·班蒂安奥（Juan Badiano，拉丁化名字为Badianus）翻译成拉丁文，后来也被附在文档的后面。

　　不过这本书直到1940年被翻译成英文出版时，人们才对它产生了兴趣，梵蒂冈图书馆也因此熠熠生辉。 西班牙人费尔南德斯·德奥维多的《西印度群岛博物志》一书在欧洲引起了很大的关注，奥维多在运用经典学术研究方法和古代植物知识研究新大陆植物时遇到了不小的困难，研究对象的来源在文艺复兴时期的欧洲也或多或少受到过质疑。 他还注意到欧洲植物被种植在美洲后迅速替代了当地的植物，这种快速的发展令他十分忧虑。

香草
Vanilla planifolia

香草是一种生活在热带地区的兰花，香甜的种荚很有价值，也常被人误认为是一种豆类。居住在墨西哥湾沿岸的托托纳克人似乎是香草的最早种植者，他们认为香草是上帝送来的礼物。香草在16世纪进入欧洲，但直到19世纪墨西哥仍然是它们的主要产地。今天香草主要生长在一些热带地区，包括马达加斯加、印度尼西亚、乌干达和汤加。

随着船只在各个大陆之间穿行，世界各地的香料都涌入了欧洲市场，但一直到1841年欧洲人才弄懂了香草（对页图）的培育过程，此后这种温润的香料才真正进入市场。

Gramineae
(Andropogoneae)

Zea Mays L.

玉米

Zea mays

当人类于2万年前刚开始在美洲地区定居的时候，玉米的祖先们特别是墨西哥类蜀黍还是生长在美洲中南部的野草。大约在公元前5000年，原住民开始在墨西哥种植玉米；到了公元前3000年，玉米种植方法传到了南美洲，后来很快到达了北美洲。

玉米作为世界上第三大作物，其排名仅次于小麦和稻子。它的名字"maize"（在美国又被称为corn）在英语中意为"谷粒"和"小种子"。它由于极其顽强的天性以及高大而又结实的身姿，又被称为草中之王。它可以在纬度高达50°的地方生存，因此广布世界各地。

野生玉米具有自播的能力，它的种子比今天所见到的要小，能发芽，并且长成同样类型的植株，而现代品种已经不具备这种能力。科学家们推测，在先民们从诸多玉米品种中筛选出了一些适宜人类食用的品种之后，玉米才在南美洲得以广泛传播。早期的玉米种子并不甜，它们有各种各样的颜色（如红色、蓝色、黑色和粉色）和形态（如带状、斑点状和条纹状）。

在哥伦布到达新大陆时，玉米已经是美

福克斯1542年的著作最早展现了玉米的形象，但是却错误地称呼它为"土耳其苞谷"，因为他认为玉米来自于中东地区。

洲原住民的主要食物来源了，他们把玉米和豆子、南瓜以及动物蛋白混在一起烹饪，用来提高它的营养价值。随着船只返回欧洲，玉米也"冲"进了欧洲和中东地区，而且还到达了中国，玉米很快成为中国人饮食的一部分。近一个世纪，中国还一直在从新大陆进口玉米。

玉米的繁殖策略十分特别，它的雄花生长在茎秆顶端，可以将花粉直接撒入风中，然后由丝状的雌花（细长的"纤维"从穗内发出）接收。每个受精后的胚都能长成一粒独立的种子，然后一排排种子逐渐变得饱满并形成膨大的玉米穗。玉米或许颇受赞誉，但是它的营养价值却无法与小麦和稻子相比。那些以玉米为主要食物的人们通常都饱受糙皮病的困扰，因为长期食用玉米会导致烟酸和蛋白质吸收不足。如今的玉米大约有2/3主要用于饲养动物。

最近我们在玉米身上又看到了新的前景，它具有高辛烷值和低碳排放的优势，可以作为发动机燃料乙醇的首要提取物，这也为人们生产可持续生物燃料提供了一条探索途径。

玉米年代表						
公元前5000年，中美洲开始培育玉米。	1492年，哥伦布发现新大陆的原住民在种植玉米。	1527年，旅行者在非洲西海岸见到了玉米。	1550年，玉米跨越大洋经由欧洲传到了中国。	1877年，为了提高产量，首次成功地进行了玉米异花授粉。	1911年，玉米油上市。	20世纪70年代，生产出了含高果糖的玉米糖浆，用于制造食品和饮料。

随着科学思维的光辉照进古代作品，植物学研究获得了新的推动力，雕刻技术和印刷技术的发展也对其起到了促进作用。这种变化首先体现在绘有药用植物的形态、用途和最佳栽培方法的植物志中。早期的植物志主要由僧侣用拉丁文写成，拉丁文是教会的通用语言，也是那个时代人们学习的主要语言。这些著作中通常都会包含大段罗马和希腊经典著作的内容，新作者再依据自己的知识和经验进行修订。插图一般比较朴素，说教明显，通常采取简单的木版方式印刷。

在16世纪早期，一些由本地植物学家编写的植物志开始在市面上出现，有些是用当地语言写成的，有些是经由其他语言翻译而来的，但后者通常都没有准确地标明出处。例如，1526年英国人皮特·特拉维瑞恩出版了一本《克里特岛植物志》，这是当时一部法文植物志的译作。25年后，威廉·特纳医生出版了《新植物志》，这也是一本英文植物学典籍，在书中他质疑了由前辈们编写的植物学书籍中那些牵强附会或者过时的描述。

> "用植物来装点大地令人赏心悦目，就像在布满刺绣的袍子上点缀稀有昂贵的珠宝一样，还有什么能比这更加令人愉悦的吗？"
>
> ——约翰·杰拉德，《植物志或植物史略》，1597年

1597年，药剂师兼植物学家约翰·杰拉德出版了《植物志或植物史略》，这是英国历史上最著名的植物志之一，尽管书中大量引用了弗兰德的医生伦伯特·多东斯的作品内容。杰拉德的这部著作在伊丽莎白时期吸引着英国人的眼球，其文笔简洁，读来仿佛是一篇篇优美的散文。在介绍万能的黑胡椒时，杰拉德写道："所有的椒类都会令人发热，还可利尿和促进消化，让人双目明澈，这正如迪奥斯科里德斯在论著中所提及的一样。"这里提及了1世纪的希腊医生迪奥斯科里德斯，可见他的影响一直延续到文艺复兴时期。

与此同时，植物艺术也开始从早期植物志中那种实用却乏味的木刻方式向充分展现花卉艺术之美的方式转变。这种转变反映出当时人们对外来植物充满热情，无论它们是从东方或者西方传入，都会被收藏在花园中，而对这些植物的拥有也能够体现出收藏者的财力和鉴赏力。它们的图像也被收集到专门的花谱中，其中早期的代表作是德国植物学家巴兹尔·贝斯莱尔的《艾希施泰特花园》，他在书中赞美了花园（也包括他自己）的伟大。该花园的主人为艾希施泰特主教，也是他的赞助人和雇主。在此后的两个世纪内，随着绘画、雕刻、印刷技术的发展，各类花谱不仅数量剧增，也变得越发华丽。

腰果
Anacardium occidentale

腰果是原产于美洲的一种速生常绿树种，其上悬挂着艳丽的亮红色或黄色"果实"，其实这些华丽的"果实"只是膨大的果柄，用来悬挂真正的果实。真正的果实里面才是我们所熟悉的坚果。果实的外皮有些苦涩，因而腰果在吃前一定要经过烘烤。1558年，法国博物学家安德烈·特韦第一次在巴西看到腰果，他向当地人请教这种植物的名字，当地人回答说"acajou"，意味着未经烘烤的果实将会令嘴巴不适，于是安德烈·特韦就将其命名为"caju"（腰果）。

留心那些信号

17世纪的草药医学一直在强调"相似"这个概念：从自然事物的外表就能够看出它们内在的功效。 16世纪的一名瑞士医生冯·霍恩海姆炫耀性地为自己取名帕拉萨尔苏斯，暗含他比1世纪的罗马医生塞尔苏斯还要伟大。 冯·霍恩海姆提出了"相似"的概念，然后对表象的意义展开详细的描述，坚称事物外表已经将一切线索和信息呈现了出来，它直接来源于上帝的旨意，内在功用已经和外在表象融合在一起。

半个世纪之后，德国格里茨小镇的一位鞋匠雅各布·柏迈体验了一次神秘的幻觉，而这次体验启发了他对上帝和人类之间的关系的思考。 他在一本名为《现象》（或被称为《所有事物的信号》）的书中表明了自己的观点和所受到的启示。 与

腰果具有一种口味香甜、很像果实、被称之为腰果梨的结构，而实际上它只是果柄部分，它的上面悬挂着真正的果实，果实里面含有富含蛋白质的果仁。腰果的外果皮含有刺激性的致敏物质，就像野葛一样，也被用于去除肉瘤。

"我们在生活中一直追寻的、最为重要的东西就是健康，因而其他所有的事物都无法与植物和草药的功德相提并论。"

——威廉·科尔斯，《伊甸园中的亚当，或自然乐园》，1657年

SOLEIL ANNUEL

向日葵（*Helianthus annuus*）原产于墨西哥，不仅个头很大（杰拉德的花园中曾种植有一株4米高的向日葵），而且它那宽阔的花盘总是跟随着太阳在天空中的轨迹转动，十分有趣。

他同时期的医学实践者们采信了该学说，然后将其应用到用植物治疗人类疾病方面。 医生们通过植物的形状、颜色、气味、味道和其他性状来猜测其潜在的功效。 我们可以从那个时期植物的俗名和学名中找到许多体现这种论点的证据。 比如，獐耳细辛（*Hepatica*）的叶子像肝脏，因而会被用于治疗一些肝病；欧洲疗肺草（*Pulmonaria officinalis*）的叶片有斑点，看起来像人体器官，被认为具有治愈肺病的功效，现在也是如此。

这种学说并不局限于形状，比如从白屈菜（*Chelidonium majus*）中提取的黄色汁液能够引起黄疸患者皮肤发黄，它也被用于治疗肝病。 由感知到的信号引向正确治疗方向的例子也不算罕见，例如白屈菜被证明能够刺激胆汁的分泌。 但并不是所有的表象都在医学上具有一定的启发作用，如奶蓟草（*Silybum marianum*）叶子上乳白色的斑点似乎意味着它能够帮助哺乳期的妈妈们增加乳汁，但事实上它并没有任何这方面的功效，后来人们发现它对于肝脏的健康倒是有些帮助。

柏迈在1624年去世，但是他的影响力却没有消失。 17世纪中期，植物学家威廉·科尔斯称颂核桃在治疗头痛等小病方面的价值，理由就是它们的外形很像人的大脑。 他说："核桃仁看起来酷似人的大脑，因而对大脑有益，可以抵抗毒素。" 表

在伊丽莎白一世时期，园艺在英国成为一种全民风尚，1594年出版的《园丁的迷宫》一书中有一张精美的木刻插图，它描绘了一系列园艺工作，如修剪、培育和除草。

ADAMI

POMVM

柑橘

Citrus spp.

柑橘属包含许多种人们熟悉的水果，如橙子、葡萄柚、柠檬以及酸橙。柑橘果实的特征为厚厚的外皮中布满富含香气的油腺，里面则对称排列着各种其他组织。事实上，这种果实类型被植物学家特称为柑果(hesperidia)，这个术语来源于希腊神话，赫斯珀里得斯(Hesperides)家有3个声音甜美的少女，她们负责守护着赫拉的金苹果树。特洛伊战争的起因是这棵树上的金苹果被盗，大力神在人间完成12项任务的时候，又再次偷取了它。神话中的细节暗示了这种鼎鼎有名的金苹果或许就是橙子，它由亚历山大大帝在公元前300年左右带至希腊。

柑橘喜好生活在亚热带和热带环境，因此被认为最初起源于亚洲的马来群岛和印度一带。柑橘栽培在很久之前的中国就变得十分重要。柑橘属(*Citrus*)的名字让人想起香橼(citron, 一种小小的、厚皮的、看起来很像柠檬的水果，最初主要用来做蜜饯或者果酱)，暗示着香橼可能是到达欧洲的第一批栽培品种。自公元1世纪起，柑橘类果实就常常被描绘在罗马壁画或者马赛克上，不过它们向其他国家传播大约是在6世纪阿拉伯人征服北非和西班牙的时候。橘子在亚洲的传播可以从语言上获得线索，梵语"纳朗加柑"(naranga)演化出波斯语"纳朗柑"(narang)和阿拉伯语"纳朗加"(naranj)，西班牙人称它为"纳兰贾"(naranja)，英文中的橘子(orange)就是由此而来的。

15世纪，回乡的天主教士兵从巴勒斯坦带回了柠檬，并且让它们在整个欧洲都传播开来。柑橘类水果在欧洲首先被重视是因为它们的香味而不是口味，直到达•伽马从中国将甜甜的橘子带回葡萄牙。它们的名字在葡萄牙语中依然以希腊文"portokali"和土耳其文"portakal"来表示。哥伦布横跨大西洋带回来很多柑橘属的种子，此后柑橘种植业才开始慢慢繁荣起来。

英国的水手们在远航时也会携带柑橘果实，因此他们还得了"柠檬人"的绰号。但是直到20世纪30年代，科学家们才弄清楚内在的原因：柑橘果实中含有维生素C，具有抵抗坏血病的作用。柑橘种植和加工现在已经是一个产值高达数十亿美元的全球性产业，由巴西和美国领军。

在耶罗尼米斯•博克1546年出版的植物志（插图采用木刻方式，在德国印刷，再经手工上色）中，一颗柠檬树结满了果实。

柑橘年代表						
公元前2400年，中国文献中记载了橘子和柚子的名字。	1178年左右，宋代韩彦直编写《橘录》，里面记载了27种柑橘属植物。	1493年，哥伦布在第二次去西印度群岛的旅程中携带了柑橘种子。	1693年，在西印度群岛上首次记录了葡萄柚。	1753年，苏格兰医生詹姆斯•林德发现柑橘可以用于治疗坏血病。	1804年，美国加利福尼亚的教区建立了第一处甜橙果园。	1971年，美国佛罗里达生产了2亿多箱的柑橘。

"在上帝创造的万物中，植物是最为神奇的创造，它一面刺激着人们进行更加深入的研究，一面又满足着人们的种种愿望，这种魅力是其他事物所不及的。无论是在哪一时期，它们都蕴含着卓越的智慧，引领着人们在智慧的道路上求索前行。"

——约翰·杰拉德，《植物志或植物史略》，1597年

象主义的核心观点在不受基督教影响的亚洲和美洲的当地医学中也同样存在。 表象主义一直在西方传统中留存，甚至在19世纪还曾进入医学教材，随着积累的科学证据越来越多，最后被学术界拒之门外。

郁金香狂热

17世纪30年代，植物领域莫名其妙地出现了一种前所未有的投机生意。 不过这段失控的扩张十分短暂，紧随其后的是惊人的崩溃瓦解。 就如同21世纪的次贷危机一样，只不过这种投机对象并不是300平方米的房屋，而是重量仅为30克的郁金香鳞茎球。

郁金香大约是在1559年从土耳其传到欧洲的，弗兰德植物学家卡罗卢斯·克卢修斯将其种在花园中。 他负责监管马克西米利安二世的维也纳花园，这个花园也是神圣罗马帝国的圣园。当克卢修斯在16世纪90年代早期逃离维也纳成为荷兰莱顿大学的一名教员的时候，他也随身带来了郁金香，这使得此后荷兰成为郁金香在欧洲的主要分销中心。 （郁金香可以通过种子繁殖，不过一旦成活后，它的多年生鳞茎球就很容易被移栽到其他地方，而且还能够连续开花好几年，即便母鳞茎球失去活性，基部生长出来的小鳞茎球也能够在此后开出自己的花。）

欧洲大多数地区的人们很快就开始迷恋上这种光彩夺目的花儿，它们呈现出如此多种多样的颜色、样式以及花瓣形状，其中有些是蚜虫传播病毒之导致的。 尽管大多数病毒都会对植物造成危害，很可能令植株完全被破坏，或者使纯粹的颜色变得杂乱，但是病毒却增加了郁金香的价值。 一瓶绚丽夺目、带有流苏边的郁金香品种的鲜切花在那个时候可以充当缴纳给国王的赎金。 然而，最终这些美丽的鲜花变成了浮士德式的交易，每一代被病毒侵蚀过的郁金香都会变得越来越虚弱，尽管病毒使得它产生了前所未有的惊人容貌，但是最终鳞茎球还是会死去的。

当进入和平统一时期后，荷兰人很快就把注意力和财力放在对郁金香的种植上。 到了17世纪30年代，情况开始变得有些失控。 郁金香狂热对于富人们没有任何影响，但是它们却足以摧毁中产阶级，这些人像着了魔一样用一年的收入来培育一株郁金香。 人们成群结队地聚集到郁金香拍卖会上，这种拍卖会通常都会在一些酒馆举行，酒精使人们兴奋不已，他们甚至连郁金香的

水仙花一开始是生长在
地中海地区的野生花
卉，历经数世纪人们不
断的种植、选育和杂
交，时至今日已经有
25000多个登录品种。

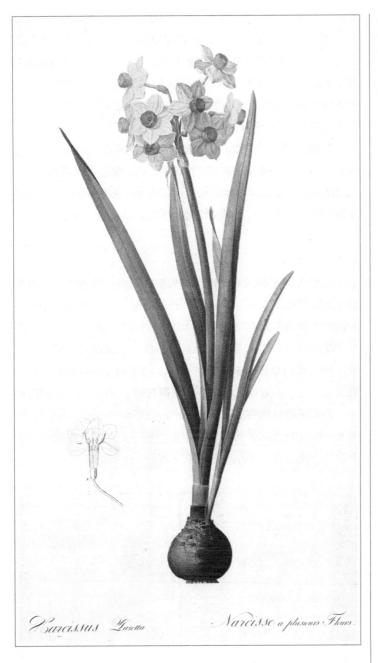

Narcissus Tazetta　　　　　Narcisse a plusieurs Fleurs.

面目都没看见就已经将房子抵押上去了。 尽管这些郁金香一直静
静地扎根在泥土里，但实际上已经被一卖再卖转手许多次了。

荷兰人的郁金香狂热持续了3年都没有消退，在鼎盛时期，
一株红白品种的郁金香 "永远的奥古斯都" 最高卖到了4600弗

罗林，外加一辆带两匹马的马车。 如果用我们现在的钱币来估算，那将是多少钱呢？一个经济估算师测算之后发现"永远的奥古斯都"最高被卖到了35000美元。 过度投机外加黑死病在荷兰蔓延，最终导致了1637年的灾难，郁金香市场彻底崩溃，无数投资者因此破产。 荷兰政府被迫牵涉进来清理这场混乱，为此而花费了不少时间和金钱。

警醒于荷兰的灾难，欧洲其他国家不再疯狂地痴迷于郁金香。 但是荷兰一直没有放弃这种花卉，而是学会了利用遗传变异的方法来培育新品种，他们依然还在售卖郁金香鳞茎和鲜切花。在如今荷兰的经济中，鲜花销售能够为他们带来40亿美元的收入。

北美植物猎人

随着人们不断探索大西洋中央航线以及围绕各种高风险植物（比如甘蔗、香草、可可等）开展贸易，北美洲东北部地区的植物逐渐进入人们的视线。 虽然这并不是远航计划中的一部分（直到18世纪还未受到重视），但是一些探险者出于个人兴趣，他们自己收集了一些植物资料，或者预见性地招募一些专家加入到他们的远征队伍之中以获得帮助。 在一些远征的过程中，他们策略性地增加了一些专家，或者至少是科研人员。 这些人可以使新大陆的资源记录更加详细，而且能够帮助未来的事业找到合适的投资者。 沃特尔·罗利似乎就是这一类人。

约翰·帕金森的著作《阳光普照的乐园》出版于1629年，里面介绍了许多在花园、田园以及果园中种植的植物。

罗利在卡罗来纳州外滩群岛东北端的罗阿诺克岛探险时，招募了一位数学家、一位天文学家和一位画家。 他曾两次尝试建立永久殖民地，但均以失败而告终。 不过第二次探险于1588年产出了一份报告《关于新发现的陆地弗吉尼亚的一份简短而真实的报告》，两年后约翰·怀特还将一些画作付梓出版。

16世纪30年代，欧洲人探索的脚步一直向美洲的更北部延伸。 法国的一名船员雅各布·卡地亚试图在魁北克建立殖民地，虽然结果以失败告终，但是有幸记载了这片新大陆上植物和动物的分布情况。 70多年后，法国探险家塞缪尔·德·尚普兰在新大陆探险期间完成了更多的记录。

尚普兰做了很多事，他成功地占领了魁北克，"发现"了尚普兰湖；建立起皮毛贸易；与易洛魁人、休伦人、阿尔冈昆人战斗，进进退退好多年。 他还建立了一座植物园，在那里种植北美洲和欧洲的植物。 他还将一些植物种子、新鲜的组织和活体植株运回巴黎。 在那里，植物学家让·罗宾和他的侄子斯帕希安·罗宾把这些来自北美的植物种在自家的园林中，其中也把部分种类拿出来同外界分享。 当时巴黎的医生兼植物学家雅各布·科纳特也有一些新植物标本，比如他在1635年出版的著作《加拿大植物志》中提到的杓兰（*Cypripedium calceolus*）。 《加拿大植物志》是第一部描绘美洲东北部地区原生植物的书籍。

约翰·帕金森的人物传记故事记载了植物学的变迁。他生于1567年，卒于1650年，是英国国王詹姆士一世的药剂师和草药师，也是国王查尔斯一世的皇家植物学家。

斯坎特的方舟

到17世纪中期，欧洲的植物学和园艺学似乎一直在家族化的道路上顺利发展，比如为亨利四世服务的巴黎植物学家让·罗宾和斯帕希安·罗宾以及为英国皇室服务的斯坎特家族。

这种父子搭档还有下一个世纪的巴特拉姆斯家族，他们都成为了英国贵族乃至皇家园林中不可缺少的园艺师，服务对象包括索尔兹伯里伯爵、白金汉公爵以及国王查尔斯一世。 事实上，斯图尔特国王任命老约翰总管自己的花园、葡萄园以及他的夫人亨利埃特·玛利亚在英国萨里郡的桑蚕园（英国曾尝试进

郁金香

Tulipa

作为洋葱的"表亲"，野生的郁金香简单而朴素，它们生长在小亚细亚地区，可能是从波斯开始踏上明星之旅的。这种植物最初在波斯语和土耳其语中被称作"dulband"，后来又被奥斯曼土耳其人称为"tuliband"。土耳其宫廷很快就喜欢上了这种色彩鲜艳而无味的花儿，并将它们种满了整个园林，还一度因为嫉妒而禁止郁金香出口。土耳其宫廷植物学家发现，野生郁金香在选育过程中非常容易发生变异，通过实验就可以获得各种漂亮的颜色和样式。

早期希腊和罗马的文字记载中没有提到郁金香，所以关于它们是如何来到欧洲的并不是很确定。一种较为流行的说法是郁金香进入欧洲归功于布斯贝克，他是斐迪南一世(神圣罗马帝国皇帝、波西米亚和匈牙利国王)的大使，被派往奥斯曼土耳其觐见苏莱曼大帝。显然布斯贝克在1550年左右将郁金香的种子带回了欧洲。

16世纪70年代，郁金香最初由卡罗卢斯·克卢修斯认真地种植在神圣罗马帝国在维也纳的皇家园林里。1593年，克卢修斯离开维

早期的郁金香矮小而朴素，却令神圣罗马帝国的植物学家卡罗卢斯·克卢修斯深深着迷，他于1583年在安特卫普出版的一本书中记录了郁金香的生长习性。

也纳去荷兰的莱顿大学教书，随身携带了些郁金香种子。郁金香虽然从皇家园林走向民间，但受欢迎程度丝毫不减，人人都渴求得到它的种子，售价也越发离奇。

没有哪个国家的人能够超过荷兰人对郁金香的痴迷，这种花很快就在那里流行开来。到17世纪初期，郁金香狂热就席卷了荷兰各地。对于新的颜色尤其是某些有条纹的品种需求大增，种球供不应求，郁金香鳞茎的价格也直冲云霄。到了1610年，一株新品种的郁金香就可以作为一份很丰厚的嫁妆了。为了买花，房屋和公司也经常被拿去抵押。

郁金香狂热在1633年达到巅峰，结局也很快来临。到1637年时，已经没有人从海勒姆拍卖会上购买郁金香了。郁金香市场几乎在一夜之间崩溃，许多人咒骂这种花儿几乎让整个国家濒临破产。

尽管郁金香很难再回到17世纪人们对它如痴如醉的鼎盛时期，但世界各地的园艺家们尤其是荷兰人还是出于商业目的培育出了很多精巧的品种，郁金香仍然是世界各地最受欢迎的花卉之一。

郁金香年代表

1000年，奥斯曼土耳其人开始种植郁金香。	1573年，神圣罗马帝国皇家园林的园艺师克卢修斯在维也纳收到了一些郁金香种子。	1593年，克卢修斯迁居荷兰，成立了第一家郁金香观赏花园。	1633年，郁金香在欧洲的价格飞速上涨。	1637年，郁金香市场崩溃。	1845年，郁金香开始出口美国。	1923年，导致郁金香突变出条纹的病毒被分离了出来。

杓兰（*Cypripedium calceolus*）在欧洲较为常见，俗称"女士的黄拖鞋"，所以当这种野生兰花在北美温带地区被发现时，植物学家们并没有太震惊。不过，美洲热带地区兰花的多样性和数量却非常庞大，令人震惊。

行桑蚕养殖，但是从未在大规模养殖上获得成功）。 小约翰继承了父亲的职位，他们还曾经为在法国出生的玛丽（Mary）王后服务，当时位于美洲的殖民地马里兰（Maryland）就取名于这位王后。 她和她的丈夫一样，在审美方面有极高的鉴赏力。

鉴于约翰父子与皇室有着这样的亲密联系，父子俩周游各地搜寻各类植物，以服务皇室成员和其他的欧洲客户。 老约翰多次前往法国、俄罗斯以及非洲的一些地区搜集植物。 当然，他对新大陆也充满好奇，尤其是弗吉尼亚殖民地。 他曾经以弗吉尼亚公司成员的身份进行过投资。 之所以选择弗吉尼亚是因为它的气候特点与大不列颠群岛很像，植物的生活环境也比较相似。 1637年初，老约翰即将去世，小约翰第一次前往弗吉尼亚，此后他又去了两次，"去收集那些罕见的植物、花卉和贝壳等"。

因为有斯坎特家族的努力，欧洲人得以认识一系列植物，包括弗吉尼亚的紫鸭跖草（*Tradescantia virginiana*，它的英文名字源于斯坎特家族）、弗吉尼亚藤本植物五叶爬山虎（*Parthenocissus quinquefolia*）、用于装饰的美国梧桐（*Platanus occidentalis*）以及郁金香树（*Liriodendron tulipifera*，或称北美鹅掌楸）。

尽管斯坎特家族丰富的植物搜集经历和充足的资金主要是为了服务他们的赞助人，但他们还是决定在位于英国南部兰伯斯的家中集中展示一些令人印象深刻的藏品。 这不仅仅包括那些可以让已经很丰富的花园变得更丰富的植物品种，还有一些

"西印度群岛的人们送给我们许多树木、药草、根、汁液、树胶、水果以及石头，它们除了自身的财富价值外，更为重要的是它们还有药用价值。"

——尼古拉斯·莫纳德斯，
《新大陆趣闻》，1596年

LIRIODENDRON TULIPIFERA.

新大陆、新植物和新花卉：北美鹅掌楸（左图）的橙色花朵酷似郁金香，因而它成了欧洲盛行的观赏树种。美洲血根草（*Sanguinaria canadensis*，右图）是一种林地野生花卉，名字来源于它那切断后会渗出红色汁液的根部。

动物、矿物以及充满异域风情的手工制品，比如用贝壳装饰的鹿皮斗篷。据说这是波卡洪塔斯（美洲印第安人公主）的父亲波瓦坦的物品。这些藏品后来对公众开放，再后来成为了牛津郡阿什莫林博物馆的基础藏品。

商业与植物

17世纪中期，由欧洲各主要势力所建立的殖民地遍布全球，它们大部分都被一些大规模的贸易公司掌握着，背后为投资者和贸易商，他们为获取资源而来，也同时为东印度和西印度地区带来了金融和物流的风险。在众多公司中，荷兰和英国在东印度的公司最为重要，不过这两家公司内部成员的成分很复杂，有苏格兰人，也有瑞典人。

这些公司对海外植物密切关注，视其为能带来财富的生意。所有殖民地的代表都明白，这些种类繁多的植物背后隐藏着能够获取利润的无穷潜力，从食物、药物、木材到纤维、装饰品和麻醉剂。植物学家的作用是必不可少的，他们通常是这些企业进行探索时必不可少的成员，能够为投资者们带来更多的利润。他们中的有些人富有远见，对当地的植物进行了记录，后来这种趋势也延伸至新大陆。

法国的国花鸢尾可能流行于德国鸢尾（*Iris germanica*，或称为变色鸢尾）之后，被认为是我们今天所见到的有髯毛鸢尾的祖先。

对植物的开发仍在继续，更多的植物远征计划也被加进了日程表。烟草（*Nicotiana rustica*）拥有大型的叶片，被美洲的原住民直接服用，或者放在烟杆里抽食。从1607年烟草被发现时算起，仅仅过了5年时间，它们就在弗吉尼亚的詹姆斯敦殖民区被作为经济植物种植。殖民者们种植这些作物的真实目的主要是为了满足投资者们赚钱的愿望。

横跨大西洋，烟草带着它的兴奋效果被引入欧洲，被视为一种兼具多种功能的药材。法国人认为烟草能够包治百病，可以对抗任何不好的东西。由于当时烟草被认为是有益的草药，所以在弗吉尼亚殖民区它占据着头号经济作物的地位。尽管契约劳工也在参与烟草的种植，但它最终刺激了以奴隶劳工为基础的种植体系。

就在同一时期，观赏园艺成为了国际植物贸易的主要驱动因素。植物流行风尚似乎每10年就会改变一次，可能是一种新

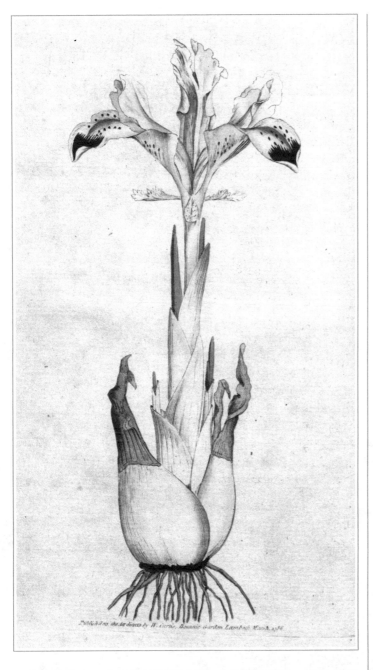

"新鲜采集的鸢尾的绿色根茎（尤其是它的汁液）具有强烈的利尿效果，还可以促进胆汁和几乎所有体液的产生，因而对水肿病的治疗有好处。"

——伦伯特·多东斯，《新植物志，或植物的历史》，1586年

1629年约翰·帕金森发表文章称，波斯鸢尾（*Iris persica*）是"一种少见的、很少遭人讨厌的花卉"。随着时间的推移，这种从土耳其来的植物成为了最受人欢迎的品种，人们将它种植在园林中以闻其芬芳，在早春时节还能欣赏到粉紫色的花朵。

型的园艺花卉，也可能是攀援于藤架上的藤本植物，而它们的来源可能是世界上的任何一个地方。 优秀的园艺师们继续享誉全球，对新奇植物的渴望也促使了组织更完善的植物远征的到来。

Primula Sinensis 293¼

"世间万物，无论伟大或渺小、丑陋或美丽、香甜或恶臭，在我眼中都有其独特的美。"

——约翰·巴特拉姆，写给安提瓜岛的斯林斯比·克雷西的信，1740年

探索

1650-1770

且远洋船只在大洋间定期穿梭成为可能，对六大洲的探索就不再局限于那些探险家了，一些商人也看到了植物世界带来的无限商机。大多数探险家在他们的探险旅程中看到了植物学家、植物画家的价值，如果他们不掩饰自己才华的话。与此同时，随着人们对植物生理学的理解不断深入，尤其是对花在繁殖中所扮演的角色的了解，植物学也在17世纪科技革命浪潮中获得了较大发展。对植物世界进行分类的热情和需求伴随着瑞典植物学家卡尔·林奈划时代的成就达到顶峰，林奈的命名系统至今仍然是物种定名的基础，在生命科学领域中被时时谈论。在这两个世纪中，植物绘画仍然在向前发展，越发精细的构图以及显著的着色使得对于植物的描绘更加逼真。园林设计也经历了巨大的变革，竞争更加激烈。感谢那些勇敢的冒险家，他们总是把新的植物带回来与人们相遇相识。

对页图：鹤望兰（*Strelitzia reginae*）原产于非洲东南部，这种充满异域情调的花卉是为了纪念乔治三世的妻子夏洛特王后而命名的，这位王后来自德国北部的梅克伦堡–施特雷利茨。前页图：藏报春（*Primula sinensis*），19世纪20年代早期从中国广州运送到伦敦。

✿	知识与科学	权力与财富	健康与医药
非洲和中东地区	1691年，法国植物学家米歇尔·安德森出版了一本有关博物学的著作，其中包括非洲塞内加尔的植物。	"人类因亚当在伊甸园中犯错而失去了欢乐，植物可以算作对这种损失的补偿。" ——威廉·科尔斯，《伊甸园中的亚当，或自然乐园》，1657年	
亚洲和大洋洲	1768-1771年，詹姆斯·库克和艺术家悉尼·帕金森绕过好望角穿越太平洋，对大洋洲的植物和动物进行了研究。 **在新大陆发现的菠萝**	1667年，根据《布雷达条约》，英国人放弃了对苏里南糖业和印尼肉豆蔻的掌控，荷兰人在这两者上取得了垄断地位。	1678-1693年，一本关于印度医学的综合药典《马拉巴尔植物园》在乌得勒支出版。 18世纪，银杏树的种子从中国或日本传到了欧洲，然后又传到了北美洲。 1727-1728年，人参的根和种子从朝鲜传到了日本，此后那里的人们开始种植人参。
欧洲	1661年，英国医生兼化学家罗伯特·波义耳提出"植物的生长需要空气"。 1665年，英国的科学家罗伯特·胡克观察到了植物细胞。 1675年，意大利解剖学家马尔塞洛·马尔比基提出植物也有像人的血管一样的循环组织。 1682年，英国植物学家米希尼·格鲁对花朵的生殖结构进行了描述。 1753年，大英博物馆建立，核心植物藏品来自植物学家汉斯·斯隆的收藏。 1753年，卡尔·林奈的《植物种志》出版发行。	 ANANAS CONIQUE.	1658年，伦敦报纸上刊出一则广告"耶稣会的粉末，可治疗各种疟疾"，这里的"粉末"指的是金鸡纳树皮，之所以如此命名是因为它是由耶稣会教徒从秘鲁送来的。 1673年，伦敦的药剂协会找到一块园地开始研究药用植物，后来这块园地成为了切尔西药用植物园。
美洲	1687-1688年，汉斯·斯隆对牙买加的800种植物进行了分类。 1699-1701年，玛利亚·西比拉·梅里安对苏里南的植物和昆虫进行研究。 1712-1726，马克·凯茨比采集了大量美洲东南部和巴哈马群岛的植物。 1728年，约翰·巴特拉姆在费城附近购买了一个农场，后来成为美国第一个植物园。 1765年，巴特拉姆被英国乔治三世任命为皇家植物学家。	1652年，约翰·赫尔开办了美国铸币厂，开始在硬币上刻印上树木，其中就包括十分有名的松树先令币。 1676年，英国士兵在弗吉尼亚平息"培根反叛事件"时因为食用了曼陀罗（*Datura stramonium*）而中毒产生幻觉。	**一只巴西的犰狳** 

食物与香料	衣物与住所	美与象征意义
	燕尾蝶和茴香枝上的毛毛虫	1679年，野生凤仙花在南非的开普敦作为一种观赏植物被种植。 1701年左右，法国植物学家图内福尔将东方罂粟从黎凡特引入欧洲。 1707年，剑叶兰（后来被称为火炬百合）从非洲抵达欧洲。 1710年左右，非洲的老鹳草成为欧洲家庭花卉中的标配植物。
1610年，第一辆运送茶叶的船只从荷兰东印度公司驶入欧洲。		1685年左右，菊花从中国引入荷兰。 1739年，第一株亚洲山茶花在欧洲开花了，派特瑞主教将其种植在埃塞克斯的桑顿庄园中。 1763年，第一株杜鹃花从高加索地区进入欧洲。
1652年，伦敦的第一家咖啡馆开张。 1710年，"爱尔兰土豆"（现在指的是白土豆）反映出当时爱尔兰栽培土豆的状况。 1747年，德国化学家安德烈·马格拉夫在甜菜汁中发现了糖。 1750年，茶超越了麦芽酒和杜松子酒成为英国最为普遍的饮品。 1759年，欧洲的园丁们第一次开始种植草莓。		1676年，约翰·雷在他的《植物图谱》中列出了360种不同品种的康乃馨和石竹类植物。 1699年，阿贝·弗朗西斯科·库帕尼从西西里岛将香豌豆种子寄给英国恩菲尔德的收藏家罗伯特·福德尔。 1700年，法国植物学家图内福尔列出了欧洲的48种番红花属植物。
1650年，由甘蔗汁制成的朗姆酒在巴巴多斯被酿造出来，等待运往欧洲。 1658年，原产于非洲的秋葵开始在巴西生长。 1691年，在南卡罗来纳通过了一项关于殖民者需要为稻米纳税的法律条文。 1696年，斯隆在《牙买加博物志》中第一次提到了加勒比海的葡萄柚。 1769年，美洲加利福尼亚地区开始种植油橄榄。	1654年，约翰·斯坎特最后一次去美洲旅行探寻植物。他记录了大量重要树种，包括枫树、黑胡桃木和北美鹅掌楸。 1715年，纽约开设了第一家亚麻油厂，提炼的亚麻油主要作为底漆使用。	1693年，为了纪念16世纪的德国植物学家雷奥哈德·富克斯（Leonhard Fuchs），法国植物学家夏尔为一种南美洲植物取名"倒挂金钟"（fuchsia）。 1714年，北美洲的金光菊被园丁们引入欧洲。 1738年，马克·凯茨比第一次在北美洲收集到了华丽百合（*Lilium superbum*）。

任何人在任何地点以任何规模都可以对不同的植物学领域开展相关研究。 有人采集标本，但他们未必就是这些标本的研究者。 植物学家可以研究别人采集的植物标本，可以是鲜活的植株，也可以是那些存放在标本馆里的干燥标本，然后对它们进行严格的调查。 在17~18世纪，很多人开始通过不同的途径关注植物，并且伴随着科学思维、方法以及知识的不断发展，植物学研究也处于最前沿的位置。 科技发展是全球共同努力的成果，因而所有的参与者之间都有着紧密的联系，植物标本也在这个关系网中穿梭。 官方为了推进科学的发展，于1660年在伦敦成立了皇家学会，1666年在巴黎成立了法国科学院。

虽然在这个时期植物学研究已经开始，而且在过去的十几年里植物学独立出来变得更加科学，但是植物学和药学的学科界限依然交织纠缠在一起。 这一时期人们看待植物的视角更加侧重于它们的生物学本质，而对它们的药用价值和治愈功能的关注则在减弱。 当然，植物的药用价值在人们的生活中依然十分重要，一直到合成药物出现后才有所减弱。

"在显微镜的帮助下，再小的事物也难逃我们的双眼，一个新的可视世界已经出现，正等待人们去了解。"

——罗伯特·胡克，《显微术》，1665年

微妙的发现

一些重要的科学发现和发明对于植物学也有很大的贡献，就如同它们促进其他生命科学的发展一样，其中一个重要的发现就是从细胞层面认识生物体。 17世纪中期，在多个科学领域堪称专家的罗伯特·胡克组装出了一台复合显微镜和一套照明系统，并对多种生物进行了观察，比如昆虫、海绵、植物和鸟类。 他在显微镜下看到软木薄片（取自某种橡树的树皮）上的蜂巢结构，并将其描述为"显微气孔"。 后来，他将其命名为细胞（cell），因为它们看起来就像是修道院中连在一起的小房间（cell也有隔间的意思）。

胡克在树木以及其他一些植物组织中也看到了相似的结构，这在他1665年的著作《显微术》中有着清晰的描述。 此书也吸引了因为出版了日记体著作而赫赫有名的政府官员塞缪尔·佩皮斯彻夜长读，他直到第二天凌晨两点方才入睡。 在此后的人生中，尽管胡克在伦敦学术界占有一席之地，但是其声誉却远远不及他的成就应得到的赞扬。

　　胡克为安东尼·范·列文虎克的研究工作铺垫了基石。　列文虎克是荷兰的一名布料商人，也是一名业余的显微镜学家。他虽没有接受过较高的科学教育，但天性热爱探索和求知，有伟大的宏愿和精巧的心思。　列文虎克在他的一生中制造、组装了500台显微镜，虽然它们的镜头都十分简单，其功能也并不比放大镜强太多，不过由于列文虎克磨制出了非常透明的镜片（亮度的关键），他得到了比胡克显微镜的放大率高10倍的图像。

　　列文虎克对各种各样的物质进行了观察，包括植物组织以及从他自己、亲属和一些志愿者身上获取的材料。　他从一位据说从未清洗过牙齿的老人嘴里发现了活细菌。　他还观察到了运动状态下的血液细胞和精子。　列文虎克不擅长绘画，但是他雇用了一些艺术家将他看见的景象都描绘了出来。　他将自己的观察记录和绘图送到了伦敦皇家学会，这些荷兰文作品被翻译成英文或者拉丁文，然后介绍给学会的会员们。　尽管列文虎克在1680年的时候被选入学会，但是他从未到过英国，未能将自己的姓名登记在名册上其他几位科学巨星（比如胡克、波义耳、牛顿）的旁边。

　　18世纪早期，人们对植物生殖领域的理解因为一个不太可能的实验者得到了推进。　柯顿·马瑟是一位清教徒，或许人们更记得他和"塞勒姆审巫案"之间的关系。　柯顿·马瑟毕业于哈佛大学，他对于许多科学学科都充满兴趣，支持接种疫苗减

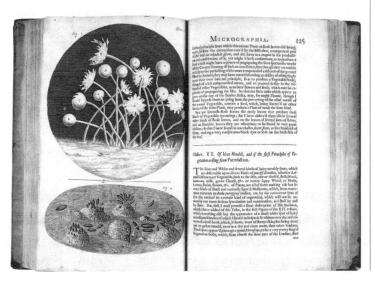

1665年，英国人罗伯特·胡克出版了《显微术》，这是世界上第一部关于显微学的书籍。他设计了一种由两层或者多层镜片组成的显微镜，能够看到肉眼所看不到的事物，比如人类之前从未想象过的霉菌和真菌。

香豌豆有许多品种，比如山黧豆（*Lathyrus odoratus*）就因其绝美的花朵和迷人的芳香而被人赞颂。1699年，香豌豆的种子从西西里进入英国。为了获得更美丽的花朵，人们进行了长达数世纪的选育。在这个过程中，种子可食用的豌豆也被选育了出来。

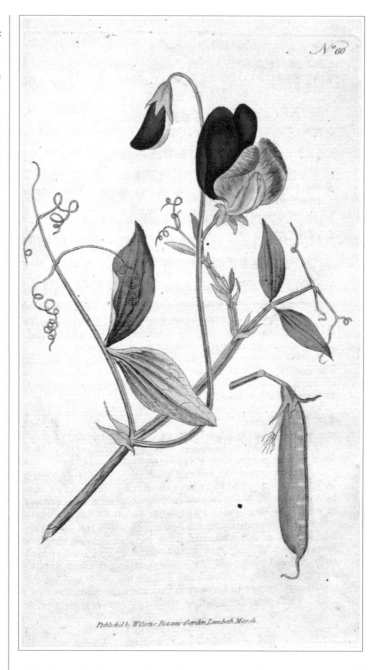

少天花感染的尝试，而这一做法在当时颇具争议。因为他相信自然界的规律，所以在接受科学发现时毫无障碍。

柯顿·马瑟是对植物进行杂交实验研究的第一人，他在1716年的时候用印度有色玉米进行了实验。他指导一个朋友在一片黄玉米地中穿插种植了一行红玉米和蓝玉米。 待玉米成熟时，他发现授粉已经让红玉米和蓝玉米两边的多行黄玉米都带上了不同程度的黄色。

城市绿洲

在托尼·切尔西的一条安静的小道旁矗立着一面高高的砖墙，砖墙之后隐藏着一座神秘的花园，它离大厨戈登·拉姆塞的米其林星级餐厅不过一箭之遥，但是很多现代的伦敦人对它一无所知。 这座花园自1673年起就一直坐落在那里，建立之初是药剂师协会为了满足那些有执医资格的人们合成药物所用，历经数百年的风风雨雨，在现代人口增长、城市发展以及地下交通运输系统扩张的压力下，它幸存了下来。

穿过一扇狭窄的小门，一群专业的志愿解说员映入眼帘，他们穿着防水外衣和长筒靴，和蔼可亲地引领着成群结队的访客，其中有观光者、学校儿童、药学院的学生等。 解说员在排列有序的花坛和挺拔的树木间穿行，讲解着这座园林300多年来的悠久历史和现在的工作成果。 沿着小路走到花园的南端，然后向外眺望，就能看到青灰色的泰晤士河水正在静静地流淌着。这里曾经是伦敦的交通要道，也是庄严的切尔西药用植物园船只接驳的必经之处。

热带之美：左一为马蹄莲，左二为火炬花。这两种花都是从非洲引入到欧洲的，很快就成为了室内、室外的观赏植物。马蹄莲寓意着纯洁，常用在婚礼的花束中。

The proper name of it amongſt the Indians is *Picielt*, The name
For the name of *Tabaco* is giuen to it by our Spaniards, by *of it.*
reaſon of an Iſland that is named *Tabaco.*

It is an hearbe that doeth growe and come to bee very The deſcri
greate: many times too bee greater then a Lemmon tree. cion of it.
It caſteth foorth one ſteame from the roote which groweth
vpright, without declining to any parte, it ſendeth foorth

烟草

Nicotiana spp.

烟草是茄科植物的一员，它的叶子可以用来吸食、咀嚼或者作为鼻烟吸入，不过剂量过大容易引起中毒。尽管许多人享受着它对神经系统所带来的刺激，但是它有一定的致癌效果，并且还含有一种令人高度上瘾的生物碱——尼古丁。

烟草最初生长在南美洲的高山上，它的种植时间大约可追溯到公元前3000年，后来才传遍整个美洲。15世纪后期，哥伦布和他的考察队员们就曾亲眼目睹过当地人吸食用烟草叶片制成的干烟卷。

当一名考察队员罗德里格·德·赫雷斯带着这一新爱好回到西班牙时，他成为了第一位吸烟的非美洲人。欧洲人在此之前从未吸食过烟草，但是很快人们就由好奇变成了上瘾。当然，也有人声称烟草具有一定的药用价值。1571年，西班牙医生尼古拉斯·莫纳德斯就公开宣称这种草药可以满足人们的多种需求，不管是用于治疗病痛还是保健身体。

17世纪早期，世界上绝大部分地区的人们都在吸食烟草。不过事态很快就朝相反方向发展，烟草产品在许多地方都开始被禁止售

烟草在最初引入欧洲的时候被当作药用植物使用，所以欧洲的许多药典中都记载有它的名字。

卖。1604年，英国国王詹姆士一世在《强烈抗议烟草》中称烟草是"污浊双眼、损伤大脑、刺激鼻腔"的东西，而且"危害人的肺部"。然而尽管如此，烟草在此后的几个世纪内依然极受欢迎。不过流行的类型一直在改变，首先是烟管，然后迅速变成鼻烟(一种可以吸入的粉末状烟草)。1600年，雪茄从古巴进入西班牙，没过多久，卷烟就开始流行起来。18世纪90年代，烟草消费已经成为一种常态，美国东部地区生产着成千上百万吨的烟叶。

吸食烟草在第二次世界大战之后达到了顶峰，欧洲的士兵会得到免费的卷烟，因而就引起更加广泛的成瘾现象，女性在公共场合吸烟也不再是一种可耻的行为。很快医学研究者开始将吸烟和癌症的上升联系起来。1964年，美国的外科医生协会发布了一份关于吸烟有损健康的公开报告。目前世界上某些地区的吸烟人数已经呈现下降趋势，1965年后大约有一半的美国烟民开始戒烟。不过，根据世界卫生组织的数据，美国的这个戒烟比例只有位于非洲东部的赞比亚能达到。

烟草年代表

公元前1000年，中南美洲就有了用烟管吸烟和吸食卷烟的方式。	1492年，巴哈马群岛的阿拉瓦克人将烟草送给哥伦布。	1556年，让·尼古丁将烟草带到了法国，烟草中的成分"尼古丁"一词就是源自他的名字。	1600年，烟草到达了日本。	1612年，约翰·罗尔夫在维吉尼亚开始种植烟草。	1998年，美国法院在一些吸烟致病的案件中传讯了烟草公司。	2004年，爱尔兰颁布了禁止在室内公共场所吸烟的禁令。

汉斯·斯隆是切尔西药用植物园18世纪的主要赞助人，同时掌管着这座园林。 他的雕像建在池塘旁，周围环绕着英国最古老的假山，假山的原材料有来自冰岛的火山熔岩、建造伦敦塔剩余的石料以及其他的一些大太平洋蛤蜊壳。 现在看上去，这尊头戴假发、体态略微发福的雕像脸上似乎还带有笑意，不过在当年他可是一名精明的管理者——可能在任何一个时代都是。

斯隆虽说接受的一直是医生的训练，但是他却被药材的植物学属性所吸引。 他曾前往牙买加担任统治者的私人医生，并利用这个机会收集了800多种新植物，然后在《牙买加博物志》中对它们进行了分类。 返回英国之后，斯隆购买了切尔西的地产，其中就包括药用植物园这块土地，他在药用植物园的管理中也发挥了积极的作用。 他积极拓展自己在植物学领域和其他科学领域的见识，对世界上发生的植物大事件也保持高度的关注。

1727年艾萨克·牛顿去世，斯隆成为皇家学会的会长。1753年，大英博物馆成立，目的就是为了展示斯隆死后遗留下来的大量标本、画作、书籍以及文件。 而他对切尔西药用植物园影响最为深远的贡献（受益方包括在这里接受训练、心存感激的药学专业学生，也包括那些厌倦伦敦喧嚣、想寻求宁静以诞生些绝妙灵感的人）就是为切尔西药用植物园签署了一份永久性的土地租赁合同，植物园每年只需向土地所有者交付5英镑的租金即可，斯隆的继承人不能打破这项协议，也不能涨价。

女性视角

在18世纪30年代晚期，有相当长一段时间，人们在切尔西药用植物园内的角角落落都能看到一个专心绘画的身影，她就是伊丽莎白·布莱克威尔。 她极度狂热地在园内工作着，为一本植物志的文本和插图忙前忙后。 虽然她一直接受的是艺术训练，也深深地为艺术家这份职业而醉心，不过令她如此投入的原因不只是薪水。 她需要有薪水养家糊口，还要偿还丈夫因破产而欠下的债务，这样她的丈夫才能尽快从监狱中被释放出来。

时任切尔西药用植物园园长的艾萨克·兰特对布莱克威尔的工作非常支持，而且也看到了她为此所付出的努力。 每天晚上在结束了一天的园务工作后，布莱克威尔还带着日间的工作成果去监狱探望丈夫。 她的丈夫是一名医生，能够为她记录的植

"我第一次发现西印度群岛似乎很偶然，就像人们在其他伟大的发现中遇到的情景一样。"

——汉斯·斯隆，《旅行日志：马德拉群岛、巴巴多斯、尼维斯、克里斯多夫及牙买加》，1707-1725年

CEDRVS *foliis rigidis acuminatis non decidius, conis subrotundis erectis* Plant.fil.tab.1.

黎巴嫩雪松（*Cedrus libani*）于1683年种植在伦敦的切尔西药用植物园，这大约是它第一次在英国落地扎根。它们因"长寿"而为人们所熟知，这些常绿针叶树可以活1000多年。在古代的美索不达米亚，雪松森林被认为是上帝的居所。

物提供希腊文和拉丁文描述。 伊丽莎白创纪录地完成了这项浩大的工程，并独自完成雕刻和上色工作，最后于1737年出版了该书的第一卷，名字读来稍显累赘——《微妙的植物志，约含500种在医学中常常会被用到的植物》。 这部作品的后半部分在两年之后才出版，这本书无论是第1版还是20年后的其他版本都很畅销。 布莱克威尔的丈夫在出狱后前往瑞典，但最终还是葬送了性命。 从文字记录来看，他被指控参与一项颠覆瑞典政权的阴谋。

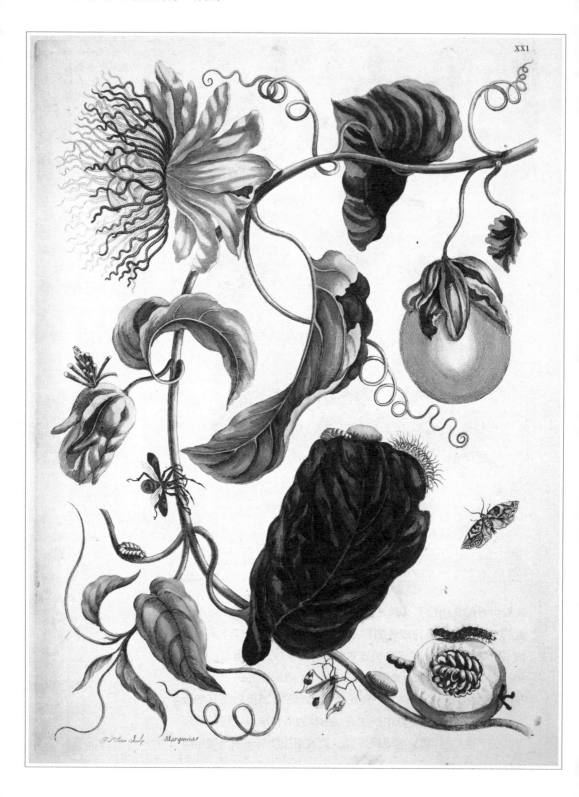

布莱克威尔作品的教育意义大于美学价值，她的植物画缺乏18世纪其他植物画的那种生动和优雅，但是却以精确的特点成为传统植物教学的工具，也让布莱克威尔成为此领域内的杰出女性之一。

昆虫和鲜花

植物画的女性时代在这个世纪的早期已然开启，玛利亚·西比拉·梅里安当时是一名52岁的画家和刺绣教师，来自德国的法兰克福。她做出了一个勇敢的决定，跟随自己的女儿和女婿来到南美洲北部的苏里南，开始研究这个荷兰热带殖民地的昆虫。作为博物学出版人的女儿，梅里安被昆虫学所吸引。在纽伦堡再婚之后，她开始对昆虫进行更深入的研究并绘制了毛毛虫变成飞蛾和蝴蝶的变态过程。她将毛毛虫绘制在宿主植物上，并加入了一些新奇的生态学视角，最终她编辑完成了基于观察所得的笔记和绘画，形成一套两卷本著作《毛毛虫：奇妙的变态过程和向花儿吸取营养》，又名《毛毛虫之书》。

梅里安离开她的丈夫迁居于阿姆斯特丹与小女儿做伴，然后在1699年去了苏里南。在两年的时间里，她忍受着高温、潮湿的天气甚至是丛林的危险，一心扑在昆虫及植物研究上，直到身患疾病才不得不回到欧洲。她的女儿多萝西娅帮助她准备了出版所用的各种材料，她自己也完成了一部分刻版工作。1705年，梅里安出版了一部卓越的著作《苏里南昆虫变态图谱》。

尽管梅里安的作品重点在于描绘蝴蝶和蛾子的变态过程，但变态过程也少不了要和植物相关，于是她为每种昆虫都绘制了一份在宿主植物上的图像，这也就为人们了解南美洲的前哨站荷属圭亚那地区的植物提供了丰富的信息。她的作品开放而充满生机，图谱中对植物的描绘和昆虫相比同样用心，甚至比昆虫用墨更多。她的一幅水彩画被乔治三世收藏，俄国的彼得大帝也购买了她的几幅作品（她是一位精明的商人，制作了至少两套"原版图"）。梅里安于1717年逝世，不过她的艺术家女儿们一直继承着家族在博物学绘画方面的优良传统。

凯茨比的故事

汉斯·斯隆和切尔西药用植物园在18世纪参与了英国的许多

"英国当前种植的植物数量远超过本书第一版（1731年）中所提及的两倍。"

——菲利普·米勒，《园艺词典》，第3版，1768年

1699年，博物学家梅里安从阿姆斯特丹到达荷兰的殖民地苏里南。她在那里生活了两年，不但进行自然生物研究，还创作出许多前所未有的艺术作品。梅里安捕捉了很多当地植物和当地昆虫共同生存的景象，比如对页图中所画的毛毛虫攀爬在西番莲的藤蔓、叶子和果实上。她的作品揭示出了植物和昆虫之间的关系，代表了植物绘画与艺术交叉迈出的第一步。

Ternstroemiaceae

Camellia Thea Lk.

茶

Camellia sinensis

不管是绿茶、红茶、乌龙茶还是大吉岭茶,所有的茶叶都源于茶树的叶子或花芽。在所有地方性茶树品种中,有两个品种的身份得到了确认。第一种是处于中国茶文化核心地位的山茶(*Camellia sinensis var. sinensis*),它原产于中国西部;第二种是普洱茶(*Camellia sinensis var. assamica*),原产于中亚和南亚地区,它的利用时间晚于山茶,在历经数世纪后仍不为人们所知。

根据神话传说,中国人在公元前2737年就开始饮茶,据说一片茶树叶碰巧落到了煮沸的水中,炎帝神农氏饮用之后觉得颇为清爽。茶在公元4世纪的文献中经常被提及。到了唐朝,茶已经成为了中国的国家饮品,茶肆也大受欢迎。经过采青、晾青、揉捻和干燥等步骤后,茶叶被制成了块状,饮用时再进行切割压碎成粉末,最后放入到沸水中煎煮。在元朝蒙古人统治期间,茶的饮用量急剧下降,直到14世纪明朝统治时期,饮茶才逐渐恢复原先的盛况。这时的人们饮茶改用了最简单的方法,在沸水中加入松散的茶叶就可完成冲泡。

17世纪早期,东印度公司的贸易船只将茶叶带到了世界各地,美洲殖民地的人们首次饮

中文中的"茶"字在英文中的发音近似tay(爱尔兰方言),英国贸易者从东方听到这个词后将其带回了家乡,这就是英文中"tea"的来源。

茶是在1650年左右,比茶叶到达英国的时间还早了10年。葡萄牙的凯瑟琳公主爱好喝茶,在她嫁给英国国王查尔斯二世之后,伦敦人也都端起了茶杯,自此就再也没有将其放下。

茶在英国比麦芽酒和杜松子酒更受欢迎,1750年英国东印度公司一共进口了2145吨茶叶。较高的税率使得走私猖獗,国家利益因而受损。为了弥补这一损失,英国进一步增加了美洲殖民地的进口关税,其中就包括茶叶。在北美殖民地,被激怒的人们装扮成当地土著人的模样将波士顿海湾的茶叶全部倒入大海,这一事件也被后世称为波士顿倾茶事件,这是美洲人民的第一次反抗,后来引发了美国革命。

经历了多个世纪,饮茶总是能够找到路径发展成一种习俗和传统。不同地区的茶文化发生了很大的变化,人们开始在茶中加入牛奶和糖;茶杯加了把儿;下午茶在英国演化成了一顿餐点。然而在20世纪最具有变革性的事件始于一次偶然:为了便于寄送,纽约茶商托马斯·苏里文将茶叶包装在小的丝袋里,但他的顾客为了方便直接用水进行冲泡。现代茶包就这样诞生了。

茶年代表

| 780年,陆羽在《茶经》中对茶道进行了描述。 | 815年,佛教徒最澄将茶叶从中国带到了日本。 | 1589年,威尼斯人拉穆西奥撰写了《亚洲的饮茶文化》。 | 1610年,荷兰东印度公司第一次将茶叶装船运往欧洲。 | 1773年,美洲殖民地的人们将342箱茶叶倾倒在波士顿海湾。 | 1898年,托马斯·立顿因其对茶的贡献被维多利亚女王授予爵位。 | 1904年,第一款冰茶在圣路易斯世界博览会上展出。 |

植物学事务，另一位博物学家兼探险家马克·凯茨比也是如此。

凯茨比有一个妹妹住在威廉斯堡，因而他就有了访问维吉尼亚和西印度群岛的机会，并在这7年中将收集的标本和种子不断寄回英国。凯茨比作为植物研究者的名声远扬在外，很快他又重回殖民地，前往卡罗来纳进行植物采集。这次采集是由皇家植物学会赞助的，他也将收集到的很多标本寄给了身处切尔西的赞助人斯隆。

1726年，凯茨比回到英国，开始着手宏伟的对开本著作《卡罗来纳、佛罗里达和巴哈马群岛博物志》的创作，这本书中介绍了北美洲的许多动植物。由于资金匮乏，他只好自己制作图版，将动物和植物依据自然的状态组合起来，奥杜邦风格初现端倪，同时也引入了一些奇思妙想。

凯茨比的作品涉猎广泛，内容新颖，深受人们喜爱。1768年，英国国王乔治三世收集了凯茨比的原稿，就像他当初收集梅里安的原稿一样。尽管他在晚年因为遗传性的精神疾病而有些疯癫，但不妨碍这位长期在位的国王成为一名忠诚的植物学赞助者。

"绿拇指"岛国

英国人对园艺的热衷可以算是一种民族特点，很多英国人都会在自己的玫瑰丛中慵懒地度过周末，几百年未曾改变。经过500年的积淀，英国人对园艺的热情已根深蒂固。在17世纪的时候，英国人已经很清楚地了解到当地气候适宜许多植物的生长，这也大大激励了园艺商人和植物猎人，他们既创造了人们对于来自世界各地的观赏植物的需求，也满足了这些需求。

17世纪早期，约翰·帕金森编录了当时生长在大不列颠岛的植物并配以插图，于1629年出版了作品《人间乐园》。这本书是第一本园艺指导用书，几乎涵盖了英国园丁在花园、菜园及果园中需要了解的所有知识，比如选择植物和栽培工具、改善土壤、播撒种子、移栽嫁接等。此后，他又出版了《植物剧院》一书，这部作品共有1700多页，介绍了3800多种植物。帕金森通过那些热情的园艺爱好者为观赏植物园艺搭建起了舞台。

时至18世纪，意大利文艺复兴时期扎根的精致园林概念、太阳王路易十四带来的奢靡风格、威廉和玛丽

"我很关注森林中的乔木和灌木，它们在许多领域都发挥着作用，比如建筑、家具、农业、食物和药材。"

——马克·凯茨比，《卡罗来纳、佛罗里达和巴哈马群岛博物志》，1754年

凯茨比捕捉到一只欧夜鹰吞食蟋蟀的瞬间（下图），他经常将植物和动物画在一个自然场景里；另外一幅图描绘了一只青蛙在长满紫瓶子草的池塘中跳跃（对页图）。

带来的荷兰式修剪艺术开始褪色，取而代之的是对自然之美的追求。接下来将要介绍的兰斯洛特·"功能"·布朗之前是许多贵族家庭的园艺师，1751年他开始挂出了自己的招牌。

布朗那古怪的外号源于他总是喜欢告诉潜在的客户他们的花园具有"巨大的功能"这一癖好，尤其是当他被雇用成为这些私家园林的园艺师时。布朗开启了园艺新风潮，抛弃了从前那种古板、规整、有棱有角的设计样式，他所青睐的规划样式是这样的：自然的草丛，弯弯曲曲的小路，蜿蜒流淌的溪水，再修建一些小桥或者小殿堂，增加园林的远景美。当然这些自然的景色并非天然形成，它们和过去一样都是由园艺师打造的，但是它们却是对理想化自然的一种赞颂，是对自然世界的一种浪漫的向往。

瑞典科学家卡尔·林奈首次依据花朵的雄蕊数量和排列方式制定出了植物分类系统，这对于植物学和植物绘画都有着深远的影响。

CAROLI LINNÆI CLASSES S.LITERÆ.

植物世界新秩序

1745年，28岁的卡尔·林奈出版了《自然系统》的第1版，这本书在植物学界留下了不可磨灭的印迹，在宏观的科学领域也是如此。该书主要对自然界中的植物、动物以及岩石矿物进行了分类。林奈从基部建立分类系统，以种开始，然后扩展至属、纲、界。他还确立了一套名为"双名法"（属和种）的命名标准，这样植物学家无论是在讨论交流还是在出版方面都能确保和其他科学家谈论的是同一事物。从更宏远的意义来说，林奈为混乱的分类世界带来了新的秩序。

17~18世纪植物大发现的浪潮为人们带来了一道难题，那就是该如何对从世界各地涌入欧洲的成百上千种植物进行分类和命名，让别人知道他们在谈论什么。

当然，对植物进行分类并不是一件新鲜事，亚里士多德就曾经这样做过。该领域的研究非常活跃，前人已经打下了一定的基础。16世纪的弗兰德医师伦伯特·多东斯（他的很多工作成果在此后被约翰·杰拉德引用在自己的《草本志》中）就曾经对古希腊和古罗马的分类系统提出了许多疑问。英国博物学

"我愿意付出任何东西，只要我能和你共度一天，看看你的那些干燥的植物标本，好好地研究和观察一番。不过，我也明白这些只是美好的愿望，所以我热切地恳求你能从数量较多的标本中拿出一份分享给我。"

卡尔·林奈，给爱尔兰科学家帕特里克·布朗的信，1756年8月19日

家约翰·雷被认为发明了"种"（species）这个术语，他主张分类要基于对物种外在的差异性和相似性进行的观察，而不是依据曾经所属的类别。

林奈完善了植物分类系统，他建议根据植物的生殖结构（例如花的雄蕊和雌蕊）进行分类，并以此发展起一套可以为全世界人们所用的分类系统。 同时代的部分人士对于聚焦"生殖系统"这一点颇为震惊，有人甚至用"令人恶心的淫秽行为"来指责林奈。 尽管也存在一些问题，但是林奈的分类系统非常实用，至今在生命科学领域仍有着广泛应用。（岩石和矿物逐渐退出了这个分类系统。）

年轻的卡尔·林奈前往拉普兰学习植物学知识并采集植物标本。在这张可爱的肖像图中，他身穿拉普兰当地的服装，手里还提着一个巫师鼓。

Rubiaceae.

Coffea arabica L.

咖啡

Coffea arabica

据埃塞俄比亚传说，咖啡是由牧羊人卡尔迪在放羊的时候发现的。在目睹了他的羊儿们吃了一种植物上的红色浆果并变得异常兴奋后，他决定亲自品尝一下。果不其然，他也体验到了那种兴奋感。很快，村庄里的人们都开始咀嚼这种红色的浆果。

尽管这只是一个民间故事，但若追溯起来，咖啡的原产地确实就在埃塞俄比亚。我们所知的咖啡文化在红海流域的也门涌现出来，咖啡这种植物的名字源于阿拉伯文"qahweh"，意为"豆酒"。麦加的朝圣者在旅途中携带着咖啡种子，使得咖啡在阿拉伯地区传播开来。15世纪，咖啡在土耳其、波斯、埃及和北非地区已广受欢迎。

16世纪，奥斯曼土耳其人控制着也门，并为垄断咖啡贸易煞费苦心。也门港口的出口活动都在他们的严格管控之下，离境的种子必须经过开水浸泡，目的是为了防止发芽。1616年，咖啡种子被偷运到了印度，此后那里的荷兰人开始在爪哇岛种植咖啡。后来，一名威尼斯商人将这种刺激性的饮品带到了欧洲，受到了人们疯狂的喜爱。

如图所示，18世纪早期，只有男士可以在伦敦的咖啡馆内饮用咖啡，一些女士对此表示抗议，原因并不是咖啡馆禁止她们入内，而是因为她们的丈夫沉迷于咖啡馆，在那里啜饮、阅读、游览、抽烟和辩论，长期不归家。

17世纪晚期，咖啡馆已经遍布欧洲各大城市。伦敦的咖啡馆仅允许男士进入，在那里他们可以闲坐着喝咖啡、看报纸、议论政事。查尔斯二世曾经试图取缔这些咖啡馆，避免它们成为那些"无所事事而只知道愤愤不平的人们的度假胜地"，但是遭到了咖啡馆主顾们的武装反抗，禁令还未进入到立法阶段就已经流产。

18世纪早期，一位年轻的法国海军军官加布里埃尔·马蒂厄·德·克利从巴黎的皇家园林中偷偷摘取了一些咖啡枝条，然后将其带到了加勒比海的马提尼岛。从那时起，南美洲的咖啡种植业就开始发展了起来。咖啡树丛在巴西长得如此繁盛，1800年丰收的咖啡开始涌入全球市场，使得普通人也能承担得起这种饮品。时至今日，咖啡已经成为全球性商品，世界上大约有三分之一的人们都会饮用它，既有热饮也有冷饮。人们也享受着卡尔迪的羊群最初感受到的由咖啡因带来的刺激。事实上，除水之外，咖啡是全球饮用得最多的饮品。

咖啡年代表						
约920年，阿拉伯医生拉齐声称咖啡对肠胃有益。	1511年，麦加统治者对咖啡馆发布短期禁令。	1615年，教宗克莱门特八世认定咖啡为基督教饮品。	1688年，爱德华·劳埃德在伦敦开设咖啡馆，后来称之为劳埃德咖啡馆。	1825年，咖啡开始在夏威夷地区试种。	1930年，雀巢公司与巴西签订协议，开始投资速溶咖啡产业。	1971年，第一家星巴克咖啡馆在华盛顿州的西雅图开张。

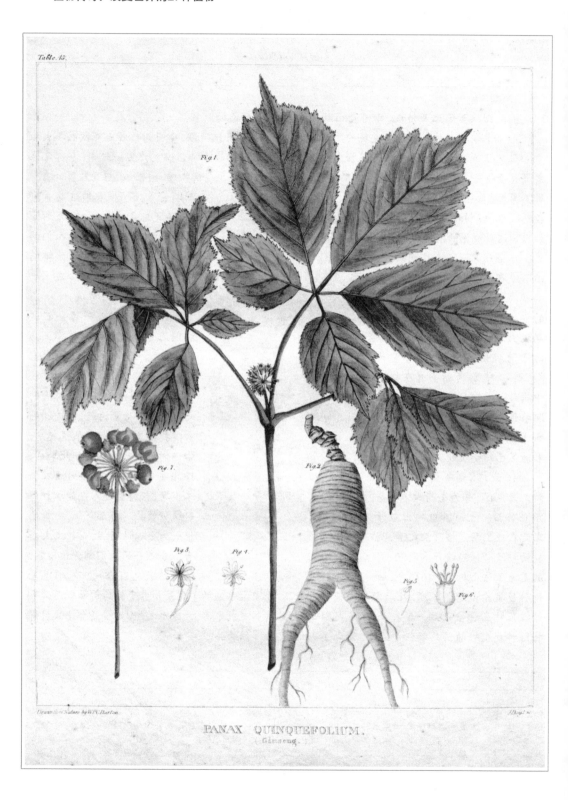

林奈的分类系统带来了很多便利。 比如，对一种棕榈树曾经有这样笨拙的描述： *Palma Brasiliensis prunifera folio plicatili seu flabelli formi caudice squamato*（结李子状果实、叶皱折且呈扇形、有鳞状树皮的巴西棕榈树）。 这是斯隆对牙买加的茂密棕榈树的形容。 如果按照林奈的分类系统，那就是*Acrocomia spinosa*（多刺格鲁棕），简单而优雅，而且易于记忆和讨论。 遗传学的发展对于现代分类学也有许多帮助，但是林奈的贡献依然是开拓性的。

林奈于1707年生于瑞典，尽管他被植物学深深吸引，但学习了医学，在荷兰获得了他的医学学位。 他在斯堪的那维亚半岛广泛游历，搜集植物标本和人学标本。 为了完成著作，林奈不断开阔视野，更新知识。林奈主要依靠别人帮他收集标本，或者根据需求使用他人与他分享的标本。 他同数以百计的植物学家、科学家、探险者、艺术家和哲学家（事实上，几乎是那一时代所有伟大的思想家）都有着密切的联系。 有些物种林奈仅仅是从他人作品中获知的，比如梅里安绘制的苏里南的昆虫、凯茨比所画的大量的北美洲鸟类。

远距离接触林奈

林奈一方面向植物画家们学习，另一方面也指导画家们画出更便于植物学家使用的作品。 他深深地影响了乔治·狄俄尼索斯·埃雷特，这位德国画家为以后的植物画确立了一种追求逼真效果的绘画风格。 埃雷特和林奈共同合作为乔治·克利福特（荷兰哈勒姆附近的一家东印度公司的主管）庄园惊人的藏品编制文件，该庄园位于荷兰的哈勒姆附近。 植物学家们让埃雷特相信在画作中加入解剖微观细节是有价值的，这在他1738年出版的巨作《克利福特花园》中就有所呈现。 尽管起初埃雷特有些抗拒，舍不得放弃图像的整体，但是后来他的态度逐渐缓和下来，植物绘画也变得更出色了。

西洋参
Panax quinquefolium

在全世界有10多种人参，该属的名称"人参属"（*panax*）源于希腊文"panacea"（灵丹妙药）一词。西洋参和亚洲人参（对页图）非常接近。人参被认为是一种补品，可以辅助人体适应压力，同时副作用也较小。人参在古代医书记载中有镇静、辅助消化、增加营养等作用，不过在今天它主要广泛应用于增强免疫系统功能、治疗糖尿病和癌症以及补气强精。

新大陆的财富：西洋参的根因为较高的药用价值而广受赞誉。有了这种来自美洲的新资源，贸易者们就可以满足东方的需求了，而在东方的森林里相似品种已接近枯竭。当智利草莓（左图，以果实大著称）无意中和美国野生草莓杂交后，就产生了我们今天在市面上所见到的草莓。

后来，埃雷特从荷兰搬到了伦敦，并为《园丁词典》一书中最重要的植物绘制插图，该书由菲利普·米勒在1768年出版。当时这位苏格兰的园艺专家在切尔西药用植物园担任首席园艺师一职。 此外，埃雷特还娶了米勒妻子的妹妹，这令他与伦敦植物学界的关系更为紧密。

林奈与600多名来自世界各地的人士保持着通信联系，通信用的语言和他的出版物一样都采用拉丁文，当时拉丁文是日常学习和科学研究的通用语。 在综合了所有的信息之后，林奈于1753年出版了他的巅峰著作《植物种志》。

尽管林奈在科学上卓有成就，但他依然相信神对自然的重要影响。 在《自然系统》后期版本的序言中，林奈这位路德教牧师的儿子就明确声明："地球上的一切受造之物都是源于上帝的荣耀。"

葡萄柚（*Citrus paradisi*）被认为由柚子和甜橙杂交而来，1693年从牙买加被首次带入欧洲。

美国植物标本采集者

英国人总是热衷于在自己的庭院里种上些外来的植物，凯茨比的著作更是刺激了人们对于北美洲植物的需求。 继17世纪伦敦的斯坎特家族之后，再次进入人们视线的父子二人组是宾夕法尼亚贵格会教徒约翰·巴特拉姆和他的小儿子威廉·巴特拉姆。

跟那里其他的贵格会教徒一样，巴特拉姆父子被植物强烈地吸引着，他们将植物学视为学校的一门课程。 1729年，农民出身的巴特拉姆在家乡建立了一座植物园，吸引了大批来自殖民地内外的游客。巴特拉姆对于商业也同样有着巨大的热情，并且依靠欧洲植物贸易快速赚取了一笔钱财。 巴特拉姆在伦敦有一位赞助人，可以向殖民地供应欧洲的植物，同时也能为美洲植物寻找到客户。 这样，巴特拉姆开启了一段蒸蒸日上的事业。 除了在大西洋间往返运输植物外，他们也会售卖一些成套的种子，每套有一百多种。 对于有经验的园丁来说，这就

西番莲
Passiflora spp.

西番莲碾碎后的叶子被美国东部地区的原住民用来治疗因擦伤、刀伤引起的水肿,用捣烂的根部制成的浸出液被用来帮助孩子断奶以及治疗耳部感染。用西番莲藤茎制成的茶水也可用于舒缓神经。在过去的数个世纪,西番莲一直被用作民间的"镇静"草药。尽管1978年美国食品药品监管部门认为西番莲"并不像我们所普遍认为的那样安全和有效",不过它在欧洲仍然被广泛地使用。

西番莲 (*Passiflora* spp.)广泛分布于世界各地,一直被人们用作药材和食材。这个俗名源于《基督受难记》(*Passion of Christ*),花朵的许多组成部分都能与基督的生命联系起来。比如,花朵上放射状的细丝代表基督受难时所佩戴的荆棘冠冕。

意味着将会瞬间拥有一套北美洲的植物。 无须诧异,巴特拉姆家族自然也加入了为林奈提供重要标本的国际植物猎人行列。

　　巴特拉姆家族还赢得了一些权贵的青睐,比如植物的钟爱

Plate 129.

Guinea Pepper

Eliz. Blackwell delin. sculp. et Pinx.

1. Flower
2. Fruit
3. Fruit open
4. Seed

Piper indicum

辣椒

Capsicum spp.

新发现的香料，特别是来自印度的黑胡椒将15世纪欧洲富人们的味蕾迷得神魂颠倒，不过花费也十分高昂，因为威尼斯一直垄断着这种香料的贸易。为了打破垄断，寻找一条便宜的路线到达香料之都印度，西班牙君王费迪南和伊莎贝尔支持了哥伦布的航行。当哥伦布首次登陆时，他自以为到达了心中的目的地，于是就将这些岛屿命名为西印度群岛。哥伦布并没有在那儿发现黑胡椒，却发现当地人把一种红色果实放到食物中，他们称之为"阿吉"（aji）。哥伦布将其命名为西印度群岛胡椒，并且认为这两种调味品肯定有所联系。

我们今天称为辣椒的植物在那时的新大陆十分常见。形状各异、大小不同的辣椒是在7000年到4500年前被培育出来的，不过科学家们认为野生的原始辣椒在人类到达中美洲和南美洲之前就已经在那里生长了，它与黑胡椒之间没有任何植物学上的联系。

哥伦布将辣椒带回了西班牙，虽然在那里

富克斯1549年的《草本志》中展示了3种不同品种的辣椒（*Capsicum pepper*），有两种都被标为产自印度。

它只引起了小小的关注，但最后还是到达了葡萄牙的植物学家手中。在那之后不久，达·伽马就开始启航寻找到达印度的新航线。通过绕过好望角，他到达了黑胡椒的故乡——印度。

他把新大陆的辣椒也带了过去，这种由含氮化合物"辣椒素"引起的辣味让印度人非常着迷，辣椒很快就融入到了当地的饮食之中，30年间就有许多品种在亚欧大陆生长起来。

1542年辣椒重回欧洲，只不过这次是从东方进入的。这种植物和它的多种烹饪方法从印度向西进入中东，穿越土耳其，对沿途的烹饪方式都产生了影响。所以，德国植物学家富克斯非常肯定地说这种植物就像其他调味料一样起源于印度，并将其命名为卡利卡特或者印度胡椒。今天，已有200多个品种的辣椒在世界各地生长，是众多饮食文化中必不可少的组成部分。从匈牙利炖牛肉到墨西哥调味汁，从泰国咖喱到秘鲁酸橘汁腌鱼，从中都能看到辣椒的身影。

辣椒年代表

公元前2500年，辣椒开始在南美洲和中美洲被食用。	1493年，探险者们将辣椒种子带回了西班牙。	1530年，印度的果阿地区生长着3种不同品种的辣椒。	1585年，现在的意大利、德国、英国地区和巴尔干半岛开始种植辣椒。	1615年，征服者在新大陆发现了一种新植物，将其命名为"chilli"（红辣椒），在纳瓦特尔语中意为"红色"。	1869年，塔巴斯科辣椒酱第一次在路易斯安那的艾佛利岛的市场上出售。	1912年，史高维尔单位被发明出来，用于指示辣椒的辣度。

者、英国国王乔治三世，他任命约翰·巴特拉姆为北美洲的植物学家。 在他的伦敦合作伙伴的鼓舞之下，老约翰和威廉于1760年出发，向南行进去寻找一些在大西洋中部沿岸不太常见的植物品种。

这场探险为巴特拉姆父子提供了许多前所未见的植物，比如说在东南部的佐治亚的湿地中发现了一种名为富兰克林树（*Franklinia alatamaha*）的开花树木，这个名字是为了纪念他们的好伙伴、宾夕法尼亚人本杰明·富兰克林。 但是不幸的是，不管是富兰克林、富兰克林树还是未来生物的多样性都面临着危险的处境。 在1790年富兰克林去世的那段时期，富兰克林树也在野外消失了。 作为山茶花的近亲，富兰克林树目前仅存在一些栽培植株，其中包括巴特拉姆带到宾夕法尼亚的那些标本的后代。

威廉·巴特拉姆在18世纪70年代独自到南方探险，比他与父亲的那次远征到达的地方更多。 他最远到达了莫比亚、阿拉巴马、

MAGNOLIA foliis ovato oblongis ad basin et apicem angustis, utrinque virentib.

这幅玉兰图由乔治·狄奥尼修斯所画，洁白的花朵和强健壮实的叶片栩栩如生、跃然纸上。乔治将绘画雕刻在铜版上，然后进行手工上色。

巴吞鲁日和路易斯安那地区。 威廉·巴特拉姆一路上收集了200多种植物，然后将它们寄给一位英国的贵格会赞助人。 威廉将他3年多的旅行记录在《穿越卡罗来纳南部和北部地区、佐治亚以及佛罗里达东部和西部》一书中，并配上了他亲自绘制的图谱。在其中某幅图版的一角出现了锯齿叶捕蝇草（*Dionaea muscipula*），这也是捕蝇草第一次出现在植物画中。 此外，他还对美洲的多种猪笼草进行了绘图和描述，欧洲的植物学家和园艺师们兴奋不已，他们已经被美洲的肉食性植物深深地吸引。

尽管很受欢迎，但是这本书里面难免掺杂了一些夸大其词的描述，这也让此书陷入了美洲那荒诞不经的叙事传统中。 在威廉后来的生活中，他没有再进行植物探险和旅行，而是返回家乡歇息，甚至将花园的管理和照料也都交给了他的一位兄弟。 他的部分收集品后来转到了约瑟夫·班克斯手里，班克斯是英国植物学家，同时也是詹姆斯·库克船长第一次跨越太平洋探险的组织者。 威廉的大部分标本和图谱目前则被收藏在大英博物馆之中。

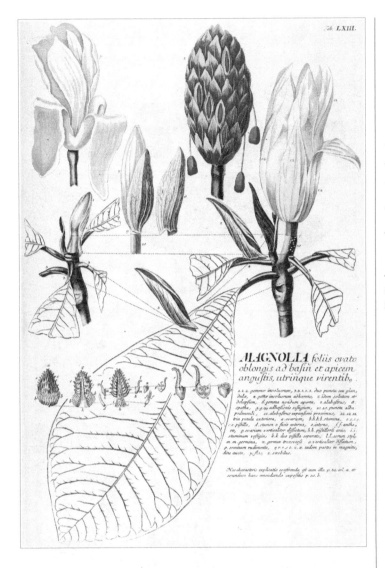

> "没有什么能比为我真诚的朋友提供任何一点种子、植株或者尽我绵薄之力所能提供的信息更令人欢欣鼓舞的了。"

——约翰·巴特拉姆，给卡尔·林奈的信，1753年3月20日

和库克船长一起环游世界

1768年，英国海军部决定开展一项系统探索太平洋及其岛屿的任务，这次跨大洋航行依照法国航海家路易斯-安东尼·德·布干维尔在1766—1768年航行的路线，成员包括医生兼植物学家菲利布特·柯马森，他是林奈的一名学生。

这次探险活动正巧还可以观测金星凌日现象，而这一天文现象的观测对于导航科学的发展有着非常大的促进作用。为了完成这一任务，海军部任命了一位经验丰富的海军中尉作为船

园艺师摇身一变成为艺术家。埃雷特是18世纪最为著名的植物画家，他和林奈一起共事，还为乔治·克利福德工作过。乔治是荷兰东印度公司的一位官员，对于收集植物非常热衷。埃雷特此后迁居到伦敦，为那里植物园中的很多植物绘制了图谱。

> "从那时起，人们发现适量的蒸腾作用对于植物和树木的健康来说十分重要。在不良空气条件下，蒸腾作用不足很可能是导致植物生病的重要因素。"

——斯蒂芬·黑尔斯《蔬菜静力学》，1727年

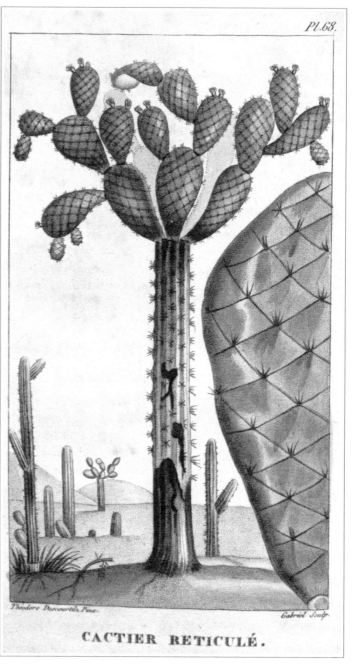

CACTIER RETICULÉ.

生活在海地的法国药剂师米歇尔·埃蒂安对加勒比地区的植物情有独钟，他在《安的列斯群岛药用植物》一书中展现了许多在欧洲鲜为人知的植物形象，比如椰子、杧果、木瓜以及右图中的仙人掌（它有另外一个人们更为熟悉的名字——龟爪）。

队的指挥官，他后来也被人们称为库克船长。 库克船长当时拥有在纽芬兰沿海地区5年的调查经验，发展并完善了许多在日后成为海军测绘标准的技术。

库克受命开展的工作范围（包含找寻传说中位于新西兰东部的南方大陆）因为一位年轻的绅士、植物学家约瑟夫·班克斯的加入而得到了拓展，班克斯向海军部请愿成功后加入了这次探险，为的是记录沿途所有海域和岛屿上的植物和动物。 为了达到这个目的，他还集结了一批有才能的博物学家一同随行。

班克斯团队是由一群有不同特长的专家组成的多样化的团体，每个人都在这次探险中扮演着各自的角色。 班克斯本人毕业于牛津大学，25岁时已经是一名颇有经验的植物猎人，他同时还是当时英国皇家学会最年轻的会员。 班克斯同他在预科学校时的一名好友一起航海到达过纽芬兰和拉布拉多，除了其他标本外，他们共采集了340种植物。 班克斯家境富裕，年满18岁的时候继承了先人的财产，为"奋进号"航行购买必要的装备提供了资金援助，购买的物资重达两吨，价值约1万英镑。

至于艺术家，班克斯招募到了悉尼·帕金森，一位苏格兰贵格会教徒，他在伦敦享有盛名，擅长在丝绸上绘制花卉。 还有亚历山大·巴肯，一位肖像画和风景画画家。 班克斯还雇用了丹尼尔·索兰德，这位瑞典博物学家也是林奈的学生，于1760年移居英国。 他听从林奈的建议，致力于继续发展、完善林奈的分类系统。 这次探险还得到了天文学家查尔斯·格林的支持，以及一名德国秘书兼绘图员、同时也担任索兰德助手的赫尔曼的配合。

1768年8月，库克的探险队驾驶着修整一新的"奋进号"从普利茅斯启航，直奔马德拉群岛，一个位于非洲西北海岸的葡属群岛。 在这段时间里，班克斯和索兰德就已经收集到了700种植物，此时他们甚至还没有离开欧洲。

船队到达巴西一个月后，探险队被当地政府所怀疑。 在里约热内卢的时候，班克斯和索兰德不得不在夜色的掩护下悄悄前往乡下进行植物采集。 库克本不太情愿在南美洲的其他地方登陆，但是出于

斯蒂芬·黑尔斯于1727年出版的《蔬菜静力学》是第一本关于植物生理学的重要书籍，它解释了根、茎、叶中气体和水分的运动。

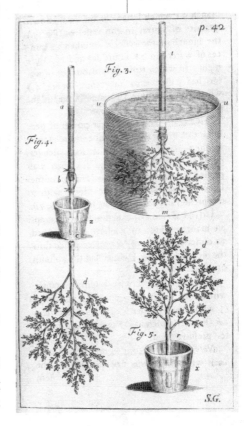

XI.

Cinchona lancifolia Mut.

金鸡纳树

Cinchona officinalis

欧洲的征服者将许多东西带到了美洲，同时也包括疾病，疟疾就是其中之一。疟疾在中国被记载的时间可追溯至公元前2700年，可引起发烧、颤抖以及骤然死亡等现象。它的致病机理依然是个谜，但许多人都揣测它和沼泽地的瘴气有关，疟疾的名字就来源于拉丁文"糟糕的空气"。

最具嘲讽意味的是，南美洲本土生长的一种植物最终治愈了这种外来的疾病。尽管印加和阿兹台克的官方药典中都没有记录金鸡纳树这种植物，但它的俗名"发烧树"似乎已经表明了它的药用功效，不过关于它的抗疟疾功效是如何被发现的却没人知道。

据说一名从欧洲来到南美洲的士兵得了重病，在将死之际，他从一个小水塘里取了些水喝，这个小水塘里一直浸泡着一株倒下的金鸡纳树，而他居然被这种苦涩的水治愈了。

关于金鸡纳树皮还有另外一个故事。金琼伯爵夫人(Countess Chinchón)是秘鲁总督的妻子，当她患上疟疾之后，曾服用金鸡纳树皮熬煮的水来治病。很快这种树皮就被带回了欧洲，人们称它是"秘鲁树皮"，不过最终林奈用伯爵夫人金琼的名字为这种植物命名，将其称为金

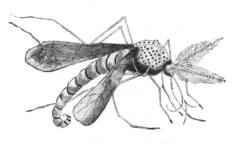

直到1898年，人们才知道蚊子会传播疟疾，但是人们知道金鸡纳树具有抵抗这种疾病的功效已经有200年了。

鸡纳(Cinchona)。

截至17世纪30年代，用金鸡纳治疗疟疾还未传入欧洲，后来金鸡纳从秘鲁被带到了西班牙。到了1677年，这种治疗方法已在全欧洲推广开来。1820年，法国医生皮埃尔-约瑟夫·佩尔蒂埃和约瑟夫-布莱曼·卡文图从金鸡纳树皮中分解出了对抗疟疾的有效成分——一种味苦的生物碱，他们将这种物质命名为"金鸡纳碱"，也称为"奎宁"，名字来源于当地语言。

在此后的一个世纪内，金鸡纳碱(奎宁)是唯一一种用来治疗疟疾的药物，前几十年人们主要从南美洲收集金鸡纳树皮来提取这种宝贵的药物。后来，欧洲的商人们在爪哇、锡兰和印度开始建立种植园播种这些来自南美洲的种子。印度张贴的通告要求英国水手们饮用这种苦味的药剂以免患上疟疾，他们还在里面加了杜松子酒。这也是鸡尾酒的原型，现代人为了消遣还会这样饮用。

在第二次世界大战期间，日本入侵荷属西印度群岛后切断了奎宁的供应，这也促使1944年在实验室条件下合成了这种药物，不过合成药物并未证明和原来的植物药材具有同样的疗效。

金鸡纳树年代表						
公元前2700年，中国首次记载了疟疾。	大约1630年，秘鲁的西班牙牧师获悉了金鸡纳树这种植物。	1638年，据说金鸡纳树皮治好了秘鲁总督夫人的病。	截至1677年，"秘鲁树皮"开始被英国人和意大利人用来治疗疟疾。	1820年，佩尔蒂埃和卡文图分离出了奎宁。	1860年，英国人和荷兰人开始在爪哇、斯里兰卡和印度播种金鸡纳树的种子。	1944年，伍德沃德和多琳合成了奎宁。

多种原因，最后在合恩角进行了短暂的停留。 班克斯和索兰德没有浪费一丁点儿时间，他们和其他船员一起急切地去采集那些生长在南美洲火地岛上的高山植物。 不过一场暴风雪突袭了他们，团队中的两名成员因体温过低而不幸丧生。

太平洋植物采集

绕过合恩角，"奋进号"行至塔希提岛，在这儿对金星凌日进行了观察和记录。 班克斯和索兰德继续马不停蹄地采集植物并更新他们的旅海日志，对塔希提岛的居民和文化习俗进行了详细的描述。 "奋进号"继续扬帆起航，遇到了新西兰和神奇的独立大陆澳大利亚。

在新西兰，班克斯和索兰德发现了一种菠菜，烹制后被带上了甲板用以代替水手们原先一直在吃的德国泡菜，勇于创新的库克认为这种食品可以预防坏血病。 出于同样的原因，他还要求大家饮用柠檬汁，后来柠檬汁成了英国海军必不可少的一种饮品。 班克斯和索兰德还发现了一种新西兰亚麻（*Phormium tenax*），当时主要用于生产纤维，现在它已经成为英国花园中的一种观赏花卉。

在澳大利亚的东海岸登陆后，班克斯和索兰德收集到了1000多种植物，包括桉树、金合欢、含羞草以及颇为壮观的澳洲火焰木（*Brachychiton acerifolius*）。 澳洲火焰木能够长到12米高，盛开着鲜红的钟状花朵。 为了纪念这个拥有丰富植物资源的登陆地，库克将这个地方命名为植物湾。

"奋进号"后来向北航行，在大堡礁触礁后险些迷路，班克斯和索兰德很自然地就趁修船的这段时间去采集用材树木以及袋鼠草（*Themeda triandra*）的标本。 袋鼠草富含营养的种子经烘焙后可以加到蛋糕里。

航行的最后一站让整个考察队付出了沉重的代价，尽管库克对于疾病已经有了一定的预防，但是他不能阻止发烧、伤寒、痢疾和肺结核的迅速蔓延。 库克船长失去了30多名船员，其中就包括在一次癫痫发作中去世的巴肯，以及死于发烧的赫尔曼和帕金森。

悉尼·帕金森在去世前留下了1000多幅画作和大量尚未完成的素描图。 这些作品在细节上体现出了科学的严谨性，后来

"我不能断言，但是却可以推测：既然秘鲁和智利如此富庶，那么在南海的岛屿中肯定还有丰富的珍宝隐藏在某些地方，等待着我们伟大的航海家去探寻。"

——卡尔·林奈，致库克和班克斯的第二次航行，1771年10月22日

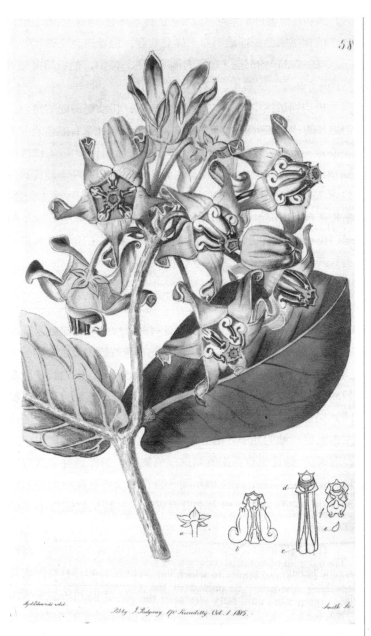

皇冠花（*Calotropis gigantea*）原产于印度尼西亚等东南亚地区，名字源于它柔软的紫色花朵中间的复杂结构。欧洲的第一株皇冠花于17世纪90年代种植于汉普顿宫的皇家园林，被英国人视为温室里的珍宝。

都交由索兰德保管。 再后来，班克斯用他自己的钱资助完成了这些植物画，一共雕刻了738张画版，这些画版连同植物画和标本目前都收藏在大英博物馆的班克斯藏品中。 帕金森的澳大利亚植物图谱直到20世纪早期才出版第1版，而完整版本的植物图谱大约在20世纪80年代才完成。 班克斯一回到英国就成了名人，风头甚至盖过了库克。以今天的标准来看，我们很难想象，一个植物学家会像摇滚明星一样受欢迎，但是班克斯确实做到了。 在1773年约书亚·雷诺为他所画的肖像中，他看起来显然就是一个明星——英俊、富有且充满力量。

班克斯试图参与库克的第二次航行，扮演更重要的角色，但是他的计划落空了。 不过，这次挫折对于他享有盛名的一生来说微不足道，他在1781年获得了从男爵爵位，并从1778年到1820年担任皇家学会会长长达42年的时间，是任期最长的一位。 班克斯还是英国国王乔治三世的植物学顾问，这位国王对植物和农业充满浓厚的兴趣，痴迷程度从"农民乔治"这个绰号可见一斑。 他任命班克斯为植物学顾问，专门负责伦敦皇家植物园——邱园。

"将园艺的经济价值和美学价值相结合……我的设计就是尽最大可能将这两者融合在一起。"
——史蒂芬·斯威特则，《贵族、绅士及造园家的娱乐》，1745年

邱园：班克斯成就其辉煌

伦敦西南方的泰晤士河拐弯处有一大片土地，这就是现在为人们所熟知的英国皇家植物园。 这座植物园由奥古斯塔公主（她是威尔士亲王的遗孀，威尔士亲王是乔治二世的长子）在1759年建立，占地120公顷。 邱园最初只是一座私家药用植物园，仿照切尔西药用植物园的样式而建。 1772年奥古斯塔公主去世后，她的儿子乔治三世拥有了这处花园并在此度过了不少时光。 他让班克斯来掌管这座植物园，虽然这并非官方任命，但班克斯在此后的30年间一直在推动着这座植物园的发展，也为它日后发展成为享誉世界的研究型植物园打下了坚实的基础。

在班克斯的照管之下，邱园获得了多达7000种植物，有些是在他任期内才进入英国的新种类。 邱园在1840年移交国家管理之前，一直都是皇室的私产。 班克斯在成为国王的皇家植物学顾问之后，他在邱园以外的许多领域也有很大的影响力。 他部署了许多独立的项目，甚至将澳大利亚变成英国的一处新的罪犯流放地，因为那里可能有他需要的植物。

班克斯的好朋友卡尔·林奈（就是著名的卡罗勒斯·林奈的儿子）为库克第一次航行发现的植物数量之多而震惊，他提议将澳大利亚的南威尔士地区命名为班克斯。 尽管这一提议没能实现，但林奈最终用班克斯的名字命名了一个带有锥形花的

Tab. XI.

LILIVM *folis sparsis,* *multiflorum, floribus reflexis,*
fundo aureo, limbo auran- *tio, punctis nigricantibus,*
pedunculis singulis *unico folio instructis.*

作为原产于北美洲的最为高大的百合花，华丽百合（*Lilium superbum*）是由马克·凯茨比在1738年首次发现并记录的。这种多年生植物有着向后弯曲的花瓣，令人想起18世纪奥斯曼土耳其人佩戴的头巾。

木本属，这类植物只在澳大利亚大陆生长，班克斯曾亲自采集了它们的标本。 时至今日，班克木属（*Banksia*）拥有170多个种类。 后来为了纪念班克斯的妻子多萝西娅女士，一种无刺的、原产于中国的重瓣藤本蔷薇被命名为班克斯蔷薇（*Rosa banksiae*）。 尽管植物考察活动和植物猎人们已经到达了世界的许多地方，但是库克船长第一次航行的故事经由班克斯精心编排后，再难有其他事迹可与其相提并论，无论是在深度、广度还是长度上。 它为此后启蒙运动中植物学的推进做好了铺垫。

第4章

1770-1840

启蒙

FLORA

GRÆCA

Sibthorpiana.

CENTURIA PRIMA.
1806

MONS PARNASSUS.

> "我一直信奉每一朵花都在享受着它们呼吸的空气。"
>
> ——威廉·华兹华斯，"写在早春的诗句"，1798年

启蒙
1770-1840

在18世纪的最后几年里，启蒙运动中的科学之光也推动着植物学的发展。从让-雅克·卢梭的哲学视角来看，自然是神圣和动人心魄的，对它的沉思和鉴赏能够打开人们的思维。植物插画也遵循着这一理念，雕刻技术的发展将细节渲染得更加清晰，印刷和上色技术的进步也鼓舞了画家们的热情。插图可以让观赏者领略到那迷人而又充满异域风情的远方。不过在19世纪早期，真实的旅行已经开始代替这种间接感受，业余的艺术家们忙碌着设计属于他们自己的植物搭配和风景地貌，在诗歌和绘画中充分体现出浪漫主义运动的情怀。18世纪晚期的植物插图既是充满美感的艺术作品，也是严谨的科学作品，同时还是市场中交易的商品。人们用阅读现代企业年报的方式阅读那些带有插图的博物学图书、植物志和花谱，希望能从中获得一些投资和贸易的线索，因为这些植物在许多方面都很有价值——食物、药物或它们的观赏价值。

对页图：《希腊植物》是一套十卷本的作品，它主要介绍了18世纪80年代在希腊的一些野外工作，在1806年到1840年间陆续得以出版。每一卷都包含100多幅插图，这些插图由费迪南·鲍尔所画，画作非常注重细节。前页图：文珠兰（*Crinum augustum*），它是一种孤挺花属植物，被纳入"绝美而难以捕捉的美"之列，为满足英国园艺人士的需求而于19世纪30年代在非洲采集。

植物启蒙运动时间线：1770-1840

	知识与科学	权力与财富	健康与医药
非洲和中东地区	1775年，弗朗西斯·马森将一株苏铁从南非带回伦敦的邱园，这株苏铁至今依然存活，并成为世界上最古老的盆栽植物。 1804—1807年，法国博物学家博瓦出版了一套关于西非植物的两卷本书籍《西非植物群》。	"对我而言，任何拥有都不如对于文化的拥有令人感到愉悦，而任何文化又都不能和园林文化相提并论。" ——托马斯·杰斐逊，写给夏尔·威尔森·皮尔的信，1811年	
亚洲和大洋洲	1772-1775年，乔治·福斯特父子和库克一起驶往太平洋。乔治·福斯特创作了大量植物图谱。 1787年，英国东印度公司在加尔各答建立了一座植物园。 1800-1810年，乔治·卡利在澳大利亚的南威尔士地区为邱园采集植物标本。 1818年，约瑟夫·阿诺德在苏门答腊岛发现了世界上最大的花，取名为莱福士花，以纪念英国东印度公司的管理者。	1784年，到达中国的第一艘美国船只"中国皇后号"，用西洋参换取中国的丝绸和茶叶。 1787年，日本大阪发生了粮食暴动，随后蔓延至其他大城市。 1823年，中国茶叶的垄断地位被打破，阿萨姆茶树在印度东部地区被发现。	1792年，在丹麦殖民地特兰奎巴地区，印度红杉（*Soymida febrifuga*）的树皮被用来治疗发烧。 1793-1813年，威廉·洛克斯堡作为英国东印度公司植物园的主管采集并研究了许多印度本土的药用植物。
欧洲	1789-1791年，查尔斯·达尔文的祖父伊拉斯谟·达尔文出版了《植物园》。 1787年，威廉·柯蒂斯开始发行他的植物学杂志，10年以后竞争者《植物学家的收藏》才出现。 19世纪30年代，人们开始用沃德箱来运输植物，这是一种早期的玻璃容器。 1831-1836年，英国人查尔斯·达尔文乘皇家军舰"贝格尔号"向加拉帕戈斯群岛航行。	1820年，约瑟夫·班克斯去世后，人们发起了一项运动将邱园转变成一处自然园林。 1840年，邱园被确立为国家植物园。	1790-1794年，威廉·伍德维尔的百科全书式的三卷本《药用植物学》在伦敦出版，不过有两卷是在他死后才得以出版的。 1821年，约翰·林德利在《毛地黄专题介绍》中列出了23种不同品种的毛地黄，有些现在已经不为人知了。
美洲	1818年，罗伯特·纳托尔的《北美洲植物概览》在费城出版。 1837年，詹姆斯·贝特曼的《墨西哥和危地马拉兰科植物》第一卷出版。	1801年，戴维·霍萨克在纽约建立了一座占地20公顷的埃尔金植物园，地点就在今天的洛克菲勒中心。	毛地黄（*Digitalis*），最近才发现的一种药用植物。

食物与香料	衣物与住所	美与象征意义
 1791年，威廉·布莱船长将面包树从波利尼西亚带到了美洲。		 1772年，卡尔·彼得·桑伯格将鹤望兰（*Strelitzia*）从非洲带到了瑞典。 1816年，小苍兰从非洲第一次被带到了欧洲。 **18世纪的园林设计**
		1790年，约瑟夫·班克斯将牡丹从中国带到了伦敦的邱园。 1796年，伦敦的苗圃内开始种植从日本带回来的鸢尾花。 1804年，威廉·克尔将虎皮百合从中国带到了伦敦的邱园。 1818年，茶业巡查员约翰·里夫斯将紫藤从中国带到伦敦的皇家园艺学会。
1788–1789年，农作物歉收导致法国面包价格暴涨，以至于很多人无力承担，这也为即将到来的法国大革命埋下了伏笔。 1810年，英国对蔗糖的封锁促使甜菜制糖业在法国出现和发展。	1817年，约翰·克劳迪亚斯在伦敦投资锻造玻璃格条，这些东西很快就被用在建造温室上。  南美洲蜂鸟	1775年，理查德·韦斯顿整理出了在英国能找到的575种风信子。 1799年，法国的约瑟芬（也就是拿破仑的妻子）买来了康乃馨，并开始发展她的玫瑰园。 19世纪20年代，威廉·赫伯特发展了英国的水仙花、番红花、朱顶红和杂交剑兰。 1830年，欧洲的园艺师已经在园林中培育出了三色堇。
1785年，玛拿西·卡特勒公布的一张关于"蔬菜生产"的文件被认为是新英格兰的第一份园艺记录。 1818年，德国医生约翰·西格特从南美洲的安吉古斯图拉树皮中提取出一种苦涩的制剂。 1820年，菠萝的重要培育品种在委内瑞拉被发现，然后从法属圭亚那地区运往了法国。 1825年，夏威夷和中美洲地区开始种植咖啡，这里注定要成为咖啡的重要产地。	1772年，在新罕布什尔的松树暴动事件中，殖民地的人们声称对用于制作桅杆的白松享有所有权，这也是美国独立战争的前兆。 1793年，伊莱·惠特尼投资发明了轧棉机。 1826–1827年，戴维·道格拉斯受皇家园艺学会派遣在美洲西北部旅行，发现了许多物种，尤其是松柏科植物。	1804年，亚历山大·冯·洪堡将大丽花的种子从南美洲寄到了德国。 1823年，矮牵牛花从南美洲被带到了欧洲，很快就被摆放在寝室和橱窗里。

"尽管火地岛土地贫瘠，但它有着许多人们不熟知的植物种类，这让'决心号'上的植物学家们忙活了好一阵。用福斯特的话说：'我们在岩石间收集到的几乎每一种植物都是新奇的，其中不乏一些花朵异常美丽、气味特别芬芳的种类。'"

——A. 凯佩斯《库克船长环球航行记》，1778年

尽管库克船长的第一次航行耗时3年，但这次航行或多或少只能算是一种军事勘察。 从航行成果上讲，库克并没有实现他最初制定的一个目标：证明所谓的"未知南方大陆"（既不是澳大利亚也不是南极洲，而是在更远的南方）并不存在。 但从博物学的角度来看，班克斯和索兰德于"奋进号"遇险维修期间在澳大利亚东南部植物湾的发现大大刺激了欧洲人对那里不同寻常的植物和动物的渴望，第二次远航势在必行。 班克斯在第一次航行中的卓越贡献使得他成为团队中不可缺少的成员，但是班克斯个人对于同行的专家、仪器以及住宿都有特殊的要求，考虑再三后他拒绝了第二次航行。当库克在1772年驾驶"决心号"和"探险号"启航时，他组建了一支新的博物学研究团队，其中就有一对父子植物学家——出生于波兰的约翰·莱因霍尔德·福斯特和他18岁的儿子乔治·亚当·福斯特。

库克船长再扬风帆

在这3年的航行中，包括两次十分宏伟地穿越太平洋的航行，他们收集了上百种植物和动物标本，年轻的福斯特也画出了数量相当的生物图谱。 在斐济岛西部的一个群岛（库克将其命名为新赫布里群岛）上，他们发现了充满异域风情的南洋杉（*Araucaria columnaris*，后来人们称之为库克松树）； 在更远

在跟随库克船长南下太平洋的过程中，约瑟夫·班克斯收集到至少800种植物，其中738种最开始是以黑白版画的形式呈现出来的，比如澳大利亚黑豆（*Castanospermum*，右一）和锯叶班克木（*Banksia serrata*，右二）。

一类拥有耀眼的穗状花序的澳大利亚木本植物现在被冠上了植物探险家班克斯的名字。班克木属（*Banksia*）有150多个品种，包括美丽的湿地班克木（*Banksia occientalis*），后来它在欧洲成为一种十分受欢迎的温室植物。

一点靠近新西兰的地方，他们发现了另一种十分精致的异叶南洋杉（*Araucaria heterophylla*）。 在他们返回英国后，福斯特根据自己发现的植物很快就出版了一本《新植物属的描述》。这算是一种概要型的植物记录，同时也包含了一些简单的插图。

1776年，库克驾驶着 "决心号" 和一艘新的舰船 "发现号" 开始了第三次航行。这一次他探索的区域主要是北太平洋，目的是为了发现一条西北航道。 他的团队成为到达夏威夷的第一批欧洲人，但两次拜访夏威夷岛的情况十分不同。 第一次在夏威夷登陆后，当地人将库克视为神明，但第二次他的船队则遭遇了敌意，不但一只小的探索船被偷走，库克还被当地人围攻，遇刺后于1779年不幸身亡。 这次航行的成员中还有一位温

这种颜色艳丽的植物巴西珊瑚花（*Justicia carnea*）从家乡里约热内卢被采集后，于19世纪30年代由英格兰和苏格兰的园艺家们进行培育。

文尔雅的邱园园艺师戴维·尼尔森。同"喧闹"的约翰·福斯特相比，他显得非常"小清新"，不过除了夏威夷木棉（*Kokia drynarioides*）等一些种类，他收集的植物却鲜有存留。

库克的第三次航行恰逢美国独立战争的开始，本杰明·富兰克林十分仰慕库克对海事和科学的贡献，对于库克本人也充满敬佩之情，他担心库克的船队会不幸被捕。他提前与美国舰队的舰长们进行了沟通，提出如果遇到库克探险队的话，不要发起攻击，要善待库克船长和他的船队，"就像对待朋友一样"。

布莱船长的返航

在库克船长最后一次南太平洋探险10年之后，"决心号"的船长开始在英国海军中崭露头角。威廉·布莱听取了植物学家班克斯的建议，并且依赖他的帮助得到了前往塔希提岛的机会。此次航行的目的是为了从那里获得面包树（*Artocarpus communis*），然后将其运送到牙买加，以供种植园中数量日益增多的奴隶们的不时之需。面包树是桑科的一员，果实巨大且富含淀粉，闻起来就像烘烤的面包或者煮熟的土豆一样。运送而来的面包树似乎注定要满足加勒比地区英国种植园主的需求。

海军部出资对一艘200吨的运煤船进行了改装，并且用铜加固了船体，这样既可以避免滋生寄生虫，而且能够为运送树苗腾出更多的储存空间。1787年，布莱船长驾驶着新命名的"邦蒂号"军舰前往塔希提岛，并利用小树苗生根的时间在那里停留了大概6个月。在停留期间，很多船员迷恋上了塔希提岛，离开的时候十分不情愿。由于船员们对塔希提岛的依恋以及其他一些因素（比如布莱船长粗暴的管理方式等），大副弗莱彻·克里斯蒂安成功煽动船员发动了一场叛乱。在几周的时间内，叛乱者陆续离开，只留下布莱和其他18名船员。出于自卫，布莱他们带走了一艘汽艇，上面装有最低限度的食品和导航设备。随着反叛者返回到他们钟爱的塔希提岛及其周边一些岛屿（克里斯蒂安驶往更远处的皮特凯恩岛），此次航行的主要目的已经被放弃，反叛者们在太平洋中与世隔绝的小岛上建立了一块永久的英属塔希提岛殖民地。

布莱船长带领他的船员在太平洋上漂泊了6000千米，最后竟奇迹般地到达了印度尼西亚，在这里他们重新找到了返回英国的航线。虽然"邦蒂号"的反叛事件让他的名声受损，但他还是获得了另外一个运输面包树的机会。1791年，他成功地将这种植物从塔希提岛带到了加勒比地区，并且在英国海军部重获指挥权。尽管面包树在新环境中生长得很好，但是牙买加的奴隶们对这种新主食反应冷淡，他们更愿意食用香蕉和芭蕉。

大众植物学

18世纪80年代，园艺开始逐步进入普通大众的视线，不再是达官显贵的专门喜好了。伦敦的内科医生、植物学家兼教友派教徒威廉·柯蒂斯发现了一个新的商业机会。他之前有过

"当地人认为有8种不同的面包树，他们为每一种都取了名字。"

——威廉·布莱，南海之行……用陛下的"邦蒂号"将面包树运送到西印度群岛，1792年

Plate 133.

Love Apple.

Eliz. Blackwell delin. sculp. et Pinx.

1. Flower.
2. Ripe Fruit.
3. Fruit open.
4. Seed.

Amoris Pomum.

番茄

Lycopersicon esculentum

作为茄科植物的一员，各种颜色、形状和大小的番茄供全世界的人们消费——生吃、煮食，早餐、午餐、晚餐。番茄从植物学角度上来说是果实，即植物在成熟时用来包裹种子的结构。这些果实由在分枝的顶端绽放的黄色小花发育而成。

番茄可能起源于南美洲的安第斯山脉，目前还没有明确的证据表明它在哪个地区最先被培育成功，这个区域可能会更靠北。当西班牙人在16世纪抵达墨西哥的时候，集市上到处都是卖番茄的，正如一位名叫贝尔纳迪诺·德·赛哈古恩的方济会牧师记录的那样："番茄的售卖者贩卖大番茄、小番茄、叶番茄、细番茄、蛇番茄和乳番茄，颜色有浅黄、深黄、浅红、深红、亮红、微红以及蔷薇红。"

不过当番茄第一次被引入欧洲时，并没有被很快接受。或许是因为被鉴定为茄科植物的原因，人们认为它含有毒素。番茄也常被人们同曼德拉草联系在一起，后者被认为含有春药的成分，刚好诠释了那个老称呼"pomme

到了1869年，当这个标签在费城被印刷时，番茄作为一种食物已被人们接受。

d'amour"（爱的苹果）。学者们看中了番茄的园艺价值，这才使得番茄在欧洲逐步传播开来。地中海地区的栽培者或许更容易接受番茄，因为那里温暖的气候使得番茄的栽培季节和其他作物没有冲突。番茄之所以被意大利人称为"pomodoro"（意为"金苹果"），很可能是因为在那里栽培的第一个番茄品种结出的果实是金黄色的。

只有当番茄成为欧式菜肴之后，这种植物才有机会跨越大西洋，重新引入美洲殖民地。托马斯·杰斐逊(番茄的倡导者之一)培育出了不少番茄品种。

说来也奇怪，原产于美洲的番茄直到20世纪初才在美国流行起来，其原因最有可能是南部农场俱乐部在第一次世界大战期间为了获得更多的健康食品而进行了大量种植。时至今日，番茄已经成为世界性的重要作物之一，被加工成果汁、沙司、酱汁、原浆、调味汁等。罐装番茄、干番茄以及新鲜生果皆可供人们尽情享用。

番茄年代表

1500年之前，番茄在南美洲呈野生状态。	1550年，番茄在意大利开始变得很常见。	1597年，杰拉德在《草本志》中认为番茄"有恶臭的气味"。	1646年，西班牙画家穆里洛将番茄绘入作品《天使的厨房》。	1692年，第一份番茄菜单出现在意大利的烹饪书里。	1876年，亨氏食品公司开始出售第一份番茄沙司。	1994年，转基因延熟番茄获得了美国食品药品监督管理局的许可。

出版经验，尽管结果有些令人沮丧。 他的植物学书籍《伦敦植物》是一套介绍伦敦植物的多卷本纲要，在出版时没能激起当地人们的兴趣，人们的目光都被那些耀眼的外来植物吸引走了。 在对人们的消费偏好有了一定的了解后，柯蒂斯开始着手出版一本期刊《植物学杂志》，又称之为《花园博览》。 该杂志在1787年正式发行。期刊扉页即阐明了其服务的目标人群：“供那些希望了解他们所栽培植物的科学知识的绅士、淑女以及园艺人士使用。”

《植物学杂志》当时并不是一本大规模发行的出版物，因为和其他大多数植物学出版物一样，其成本太高昂。《植物学杂志》以阅读最舒服的常规8开本发行，每期杂志都特别刊有3版彩色的小说版以及带有详细说明的有趣物种介绍。 为了绘制出更精准的插图，杂志的插图师和植物学家一同合作，追求"极力与自然状态接近"的效果，那些影响科学性的装饰或艺术加工则被尽量避免。

为了增加其价值，杂志的很多版面都添加了图片，英文中称之为"爆炸资料"。 每一期的每一个复本都由一支由30位调色师组成的骨干队伍亲自手工上色。 在《植物学杂志》出版的第一年，据说有3000名读者愿意花1先令来了解那些让大不列颠群岛变得更美、更迷人的观赏植物。 订阅者期待看到国际植物猎人们（例如苏格拉植物学家戴维·道格拉斯，他代表皇家园艺学会在太平洋西北部采集标本）努力的成果——果实、花朵以及整个植株。

《植物学杂志》（后来又称为《柯蒂斯植物学杂志》）在编辑人员的努力以及精英艺术家（包含一些女性）的协助下，从创始至今，除偶然中断外，一直在出版发行。 玛蒂尔达·史密斯是该杂志在19世纪晚期的编辑，同时也是邱园主任约瑟夫·道尔顿·胡克的表亲，她在1878年至1923年间绘制了超过2300页图版。 手工上色的方法持续应用到了1948年，直到照相制版法开始广泛应用时才停止。 在1984年之后的10年间，该杂志曾改了一个更简洁的名字——《邱园杂志》，后因人们抗议而取消，不过邱园也一直负责柯蒂斯系列图书（包括网络在线版）的出版，一直到今天。

为了及时告知园艺发烧友那些从世界各地涌入欧洲的植物的新鲜资讯，比如深受人们喜爱的、从亚洲引入的景观灌木日本马醉木（*Andromeda japonica*），威廉·柯蒂斯（上图）于1787年开始发行《植物学杂志》。直到今日，该杂志仍在发行。

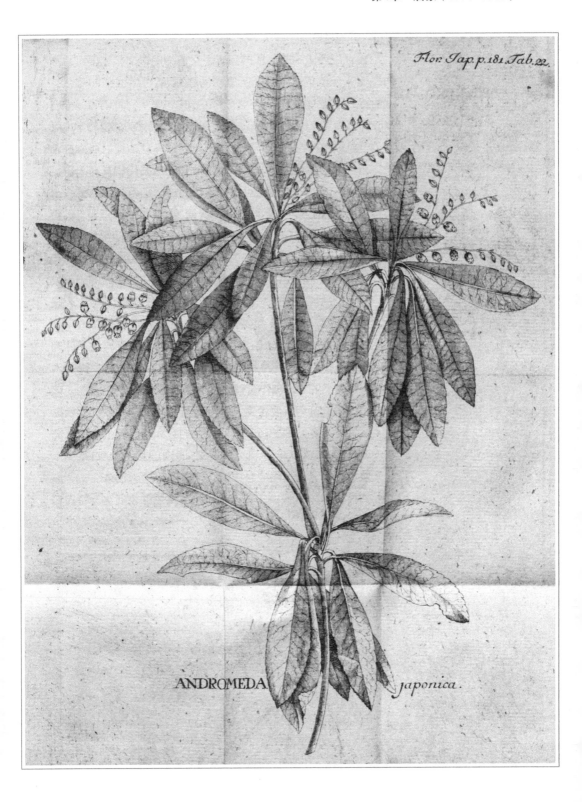

Flor. Jap. p.181. Tab. 22.

ANDROMEDA *japonica.*

寺庙里的崇拜

18世纪西欧不断高涨的民族主义情绪使得文化之争日益加剧，这一现象也逐步蔓延至植物插画领域。 18世纪90年代，罗伯特·约翰·桑顿（一个富有的英国内科医生，同时也是一名热心的植物学家）计划出版一本可以展示英国优势的植物学出版物。 与《植物学杂志》不同，该计划从一开始就显得雄心勃勃，目标读者定位为那些可以承担高额出版费用的富有人群。该书以图谱的形式表达了对林奈和他的性识别系统的赞赏，全书共分为3个部分，书名为《卡尔·德·林奈性系统指导下的新图谱》。 其中第三部分以 "别致的植物图版" 为特点，被称为《植物的神殿》，成为整本书中最受欢迎的部分。

在这本书的第三部分中，桑顿打破之前植物图谱的出版模式，将英国掌握的雕刻、印刷和上色技术进行了综合运用。 整个计划中除了《玫瑰》这幅插图由一名中等水平的艺术家创作外，其他所有作品均出自著名的插图艺术家之手，比如菲利普·里纳吉尔、彼得·亨德森和西德纳姆·爱德华兹。 桑顿本人统筹整本书的艺术创作过程，并监督了雕刻部分的工作。 该部分由很多大师级人物负责，包括在佛罗伦萨出生的弗朗西斯科·巴尔托洛齐，他曾经将很多先进的意大利雕刻技术引入英国。 桑顿同时还撰写了大部分的美文，例如这段对玫瑰的描述："大自然赐予了它一件纯白的背心，以及一件明艳绯红、至高无上的长袍。" 这段文字将该花作为英格兰的象征这一特点巧妙地隐喻其中。

罗伯特·约翰·桑顿1807年出版的《植物的神殿》通过引用经典文献、描绘景观环境下花朵彩色图像的方式展现了26种花朵的迷人魅力。关于风信子，桑顿这样描写："它是上帝赐予人类的最令人愉悦的花朵之一。"

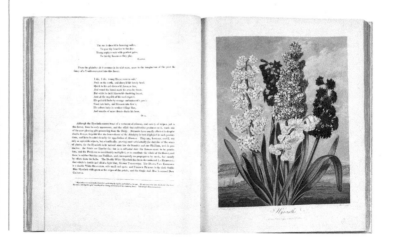

从植物学角度来看，《植物的神殿》中的插图并没有展示出类似艺术家乔治·狄俄尼索斯·埃雷特和《植物学杂志》中作品的那种科学性。 不过，他们追求的也不是这一点，令人印象深刻的具有异国风情的花朵在奇幻背景的衬托下极具超现实主义。 这种效果也是那个时代浪漫主义以及对自然的重视等思潮影响的结果。 此书中最稀奇、最生动的一幅插图或许要数丘比特以及医药之神、百花之神和谷物之神向林奈半身像敬献月桂枝头冠和鲜花花环这幅了，具有浓郁的理想主义风格。

高昂的成本使得桑顿的计划受到了阻碍，计划中的70幅图版在1798年到1807年间只完成了30幅。 为了筹措资金，他建立了一个彩票基金，将尺寸稍小一点的8开版本作为特等奖的奖品，不过这项计划也以失败而告终。 尽管《植物的神殿》的摹本今天可以卖到1.2万美金的高价，但是当初的原版却把桑顿拖得精疲力竭，他于1837年在穷困潦倒中离世。

罗伯特·桑顿在《植物的神殿》的插图中明确表达了对林奈这位瑞典科学家的忠诚和热爱，插图中林奈的半身像受到了埃斯科拉庇俄斯、弗洛拉和刻瑞斯（分别为古罗马医药之神、百花之神和谷物女神）的朝拜。

首席园丁

凡是去过位于弗吉尼亚州皮德蒙特的蒙蒂塞洛的人都知道，它的所有者托马斯·杰斐逊先生对待园艺工作非常重视。 事实上，他极度专注于园艺和农业事务，达到了接近痴迷的程度。 他将自己视为"全州最执着、最热情的园丁"。 在这座种植园里，他既种植了谷物、水果、蔬菜和鲜花，还种植了诸如烟草之类的经济作物。 作物园的面积为400公顷，蔬菜园的面积为8000平方米（位于皮埃蒙德山东南部的斜坡之上）。 他把蔬菜园作为私人栽培实验场，在那里培育了超过350个蔬菜品种，并详细记录了各种实验措施及对应的结果。 通过国际交流并借助路易斯和克拉克19世纪早期在西北地区的勘察资料，杰斐逊并不缺少用于实验研究的植物材料。

通过居家期间的对外联系工作以及数次欧洲旅行经历，杰斐逊不但成为了那个时代杰出的植物学家和园丁，还源源不断地将植物引入到欧洲大陆和英国。 他的朋友和熟人也会把自家花园出产的种子和样品送给他，这些植物都被种在蒙蒂塞洛。

身为外交家和总统，他把对植物的喜爱运用到缔结友谊、

蔷薇属

Rosa spp.

几个世纪以来，蔷薇属植物(在中文中蔷薇属植物包括三类，分别为月季、玫瑰和蔷薇，英语统称为Rose)为万千人士所钟爱，它们是那样美丽而娇弱。蔷薇属植物出现在很多故事、歌曲和绘画作品中，除了它们之外，世上没有哪种花会具有这么多的象征意义。当然，该属植物并非只有一种，而是有很多种。现今至少有100种，品种数量接近13000个，这些品种都是人们为了获得更多的颜色、香味以及其他优点而对蔷薇属植物进行杂交所得来的。

当前最常见的蔷薇属植物是杂交茶香月季，它由具有坚韧茎结构的杂交常青月季与常年开放却纤弱的茶香月季杂交而来。这种月季以其所具有的香味而命名，会使人想起"刚开封的上等茶叶"。

蔷薇属植物的培育始于罗马帝国时代，但也可能更早以前在中国就开始种植了，具体时间不晚于公元前6世纪孔子所生活的时代。源于古老杂交品种的4种全新的中国蔷薇属植物，经由探险家之手于18世纪来到了欧洲，它们是月月粉、月月红、绯红茶香月季以及黄色茶香月季。这些中国月季赋予了蔷薇家族常年开放的特质以及独特的香味和色彩，尤其是此前欧洲品种所不具有的黄色。

目前已知的现代茶香月季有5个祖先：药剂红月季，来自中东地区的喜马拉雅麝香蔷薇，来自罗马、最受人喜爱的白月季，以及同样起源于中东地区的两种古老的杂交月季品种——卷心月季和具有浓郁芳香气味的大马士革玫瑰。

该类植物的果实叫蔷薇果，长久以来被用作治疗牙疼和肠道疾病的药物。如今我们知道这些果实中维生素C的含量很高，而这很可能就是玫瑰水能够替代许多药物的缘故。

不论是过去还是现在，蔷薇属植物最重要的功用是提取精油。这种精油在波斯语中意为"芳香"，从花瓣中压榨而来，用于制作香水。早先的精油最有可能产自喜马拉雅麝香蔷薇，它的价值是等量黄金的6倍。

19世纪，蔷薇花园开始在欧洲流行，后来又传遍了美洲。它们在很多花园中都占有一席之地，依然芳香而又美丽，不过不再稀有。

古老的野生蔷薇通常仅有一层花瓣，经过几个世纪的努力，终于培育出了惹人喜爱的具有多层花瓣的花朵。

蔷薇属植物年代表

公元前2800年，古希腊壁画和陶器上装饰有该类植物的图案。	约公元前500年，希腊诗人阿克那里翁称它为"花卉之王"。	约50年，老普林尼对罗马人培育蔷薇属植物的情况进行了记载。	1455—1485年，英格兰爆发玫瑰战争。	1608年，萨缪尔·德·尚普兰将该类植物携带至北美洲。	1799年，法国的约瑟芬皇后在马尔迈松城堡种植该类植物。	1939—1945年，该类植物的果汁用于补充战时所需的维生素C。

消除政治对抗等方面。 他在1803年写给泰丝夫人（拉法耶特侯爵的姑妈）的信中说道： "虽然现在是政治危机时期，但我想说的事与政治毫无关系，而是植物和友情。" 后来这位法国伯爵夫人给杰斐逊寄来了中国金雨树（*Koelreuteria paniculata*，又称栾树）的种子，这种植物于18世纪中叶由基督教传教士引入欧洲。 绚丽的外表和极具装饰性的特点使得这种植物很快就席卷了整个欧洲大陆。 夏季树上盛开着成簇的金色花朵，进入秋季以后，树上便结满了质地轻盈的果荚，果荚中含有籽粒，此时满树的叶子都变成了橙黄色。 杰斐逊的成功种植开启了金雨树在北美洲的繁育时代，这种植物目前已自然生长于蒙蒂塞洛以及夏洛茨维尔周边的城市。

出于对树木的特殊喜爱，杰斐逊种植了多达160种不同的树木来点缀他的庄园，既将它们成群种植在自行设计的房屋周围，又将它们种植在通往格鲁夫山的小路旁。 杰斐逊很自豪自己是一位树木栽培专家，他总是盛情邀请到访的朋友去参观他所种植的树木，有一位朋友甚至称这些树为他的 "宠物树"。

杰斐逊本人因为鲜黄连属植物（*Jeffersonia*，一种在春天开花的小檗科植物）得到了同时代的美国医生兼植物学家本杰明·史密斯·巴顿的认可。 北美鲜黄连（*J. diphylla*）就是其中的一种，原产于杰斐逊的家乡弗吉尼亚州的中部，如今已是位于蒙蒂塞洛的托马斯·杰斐逊历史植物中心的代表植物。 通过现代考古学方法的大量运用，蔬菜园、花园以及果园再一次在皮德蒙特繁盛起来，就如当年杰斐逊退休时的盛景一样。

发现之旅

任职两年以后，托马斯·杰斐逊要求国会拨款2500美元（其数额就目前标准而言不值一提，但在当时的价值比现在的40万美元还要高）对在西部购买的路易斯安那的土地进行勘探。 在一封私密信件中，他强调在新领土上与印第安人共同建立官方机构以及加强商业贸易都是极其重要的。 在信件的结尾处，他暗示了这个活动的另一个益处： "这次探险活动能够让我们更好地了解我们大陆的地理状况，这会是一个额外的收获。"

琉维草（*Lewisia*）这种生长在低矮岩石上的花是以梅里韦瑟·刘易斯的名字命名的，梅里韦瑟·刘易斯是杰斐逊1803年派遣到西部进行发现之旅勘探的首席植物学家。

"霸王树已开满鲜花，构成了美丽的景致，也形成了平原上最大的危害。向日葵也已盛开，遍布各处。"

——梅里韦瑟·刘易斯，刘易斯和克拉克日记，1805年7月15日

1805年，托马斯·杰斐逊收到了100多份干燥植物标本，另外还有至少100份标本由探险队员带回了家乡。园艺学家和植物学家们都急切地想研究和种植这些新发现的植物，其中就包括一年生植物克拉花（Clarkia），它是以威廉·克拉克的名字命名的。

在杰斐逊的眼中，本次探险活动中的地理勘察和科学探索更为重要，因为他毕竟是费城的美国哲学学会（当时位居美国第一的科学组织机构）的领导者，他全身心地支持启蒙运动的科学活动。正如我们所知的那样，杰斐逊对植物有着特殊的喜爱，

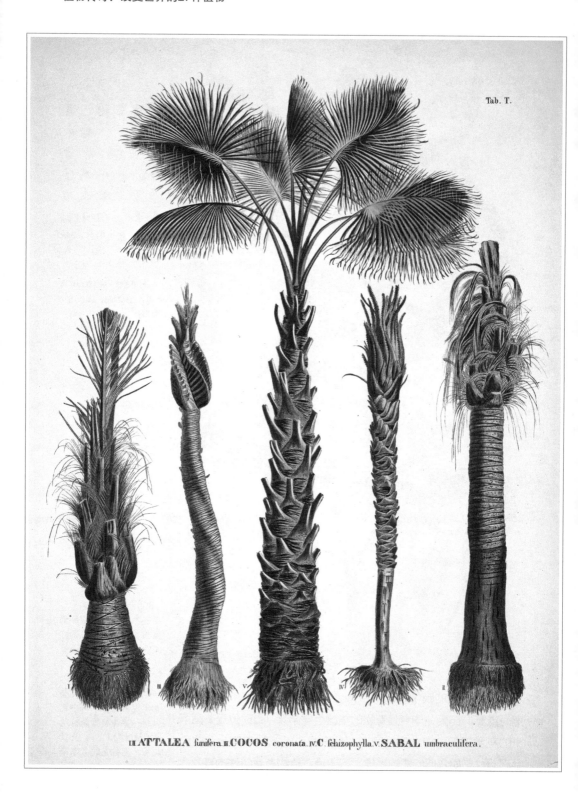

Tab. T.

I.ATTALEA funifera.III.COCOS coronata.IV.C.fchizophylla.V.SABAL umbraculifera.

他认为植物是"科学中最有用的部分"。 探险活动获得批准以及资金到位以后，杰斐逊就派遣他的私人秘书梅里韦瑟·刘易斯来处理探险活动中博物学方面的事务。 为使其能够胜任这份工作，杰斐逊让刘易斯到费城参加速成班的学习，师从不同领域的几位专家。 这些专家团队成员包括一位天文学家、一位医生、一位解剖学家，以及宾夕法尼亚大学教授、《植物学要素》的作者、医生兼植物学家本杰明·史密斯·巴顿。

巴顿教授了刘易斯植物学分类基础知识以及收集和干制标本的实用方法。 在这次任务中，刘易斯充分发挥了其聪慧的天资和对自然的领悟力。 身为弗吉尼亚州中部地区知名草药治疗师的儿子，他曾跟随母亲学习了很多植物功用方面的知识。 刘易斯丝毫没有浪费他的学识，立即将所学知识应用于实践之中。 在和探险队的另一位领导者威廉·克拉克开始领导探险队从圣路易斯出发之前，他接触到了一种生长于当地花园中的桑橙树（*Maclura pomifera*）。 他对这种植物进行了描述并剪取了一部分寄给杰斐逊。 法国探险家曾经描述过这种树木，将其称作神木之弓，这源于当地的美洲人用它们制作坚韧而富有弹力的弓。 随着时间的流逝，这种桑橙树逐渐变得矮小，而且由于它具有可以密集种植以及在充当灌木篱墙使用时难以逾越的特点，所以在铁丝网出现前被广泛栽种。

探险队沿着密苏里河前进，穿过美国北部到达太平洋。 每种乔木、灌木和花都无法逃脱刘易斯的眼睛。 在接下来的两年半时间里，探险队共收集了182种植物样本，其中一半都属于科学新发现。 刘易斯尤其关注北方印第安部落曼丹人所种植的植物，这些植物中包括一些耐寒早熟的品种，如玉米、大豆和南瓜。 这些品种在生长季较短的地区具有很好的适应性。 他把各类种子带回来交给杰斐逊总统，于是杰斐逊就在蒙蒂塞洛的花园内开始了实验，并断言一种以阿里卡拉部落命名的、红白相间的豆类植物是"我们所拥有的最棒的植物之一"。 所有的植物标本也同时交给了杰斐逊的同事本杰明·史密斯·巴顿。

太平洋海岸白雪果（*Symphoricarpos albus*，又称毛核木）是一种具有蓝绿色叶子和灰白色浆果的植物，杰斐逊被它深深

地球的另一端生长着全新种类的棕榈树，例如椰子（对页图所示）、马来西亚的宝莲花（*Medinilla magnifica*，又称美丁花，上图所示）。它们的发现扩充了已知植物的数量，并进入了植物学研究目录。

57.

Vitis vinifera

Published by Phillips & Farden, Dec. 1st, 1806.

葡萄

Vitis spp.

萄通常被认为是世界上栽培历史最悠久的水果之一，野生葡萄在北半球随处可见。根据考古发现的葡萄叶和种子的化石证据，葡萄的起源可以追溯到2300万年以前。酿酒葡萄(*Vitis vinifera*)是当今葡萄酒业中最常用的葡萄品种，这种葡萄与人类相伴的时间可能也最为长久，今天仍然是栽培最为广泛的品种。

有关葡萄栽培的证据最早发现于公元前2400年的古埃及，墓穴壁画中描绘了关于葡萄酒的生产过程。有工人采集葡萄的画面，有在大桶中挤压葡萄的画面，象形文字则描述了醉酒的滑稽姿态。到公元前1000年时，腓尼基人已经开始在地中海(后来称作酒暗海)至希腊地区运输酿好的葡萄酒了。希腊人沉迷于葡萄酒，授予狄奥尼修斯酒神、狂欢之神、草木之神和丰收之神的称号，纪念他的节日(盛大的饮酒狂欢节)被称作酒神节。后来因为人们沉迷于享乐，罗马参议院于公元前186年最终取缔了这个传统节日。

古人用葡萄制作的产品除了葡萄酒之外，还包括葡萄糖浆(又称作葡萄浓汁)以及葡萄酸果汁(一种酸酸的饮料)。对罗马人来说，葡萄非常重要，以至于他们在征服欧洲的同时也将葡萄种植于欧洲各处。葡萄栽培方式从中世纪就延续下来了，同希腊人统治时期相比只有一点儿改变。

新大陆的葡萄栽培记录最早可追溯到15世纪晚期，此时已经出现了北美洲本地的葡萄品种，如黑色的康科德葡萄(又称美洲葡萄)。不过殖民者从欧洲带来了他们更为喜爱的葡萄品种，于是种植者们就开始尝试将欧洲品种与本地品种进行杂交。

1860年，欧洲葡萄产量锐减，近乎绝产，原因是遭受了吸食树汁的昆虫的危害。这种名叫葡萄根瘤蚜的昆虫是蚜虫类的亲缘物种，是从美国被偶然间引入的。由于美国的葡萄品种对这种害虫具有一定的抗性，所以解决办法就是把欧洲品种嫁接到美国品种的根茎上。如今全世界已有超过10000个葡萄品种，其种类的划分可以通过颜色(如黑色或白色)或者用途(如食用、酿酒或者晾晒成葡萄干)等方式来进行。

在不同的时间、不同的地域文化中，葡萄都象征着富足，正如这幅16世纪德国的雕版印刷图案描绘的那样。

Von den Namen.

葡萄年代表

| 公元前2400年，象形文字和壁画记载了古埃及时期的葡萄酒酿制场景。 | 公元前1000年，腓尼基人将葡萄带至希腊，后来又传入法国。 | 公元前100年，中国人开始栽培葡萄。 | 1150年左右，英国开始进口法国的葡萄酒。 | 1850年，澳大利亚开始种植葡萄。 | 1869年，托马斯·韦尔奇在圣餐仪式上开始使用未发酵的葡萄汁。 | 1966年，加利福尼亚州的纳帕谷葡萄园正式开业。 |

> **"我的花园不仅是为家庭提供食物的场所，还是我愿意为之奉献辛勤汗水的地方。虽然我已经是一位老人了，但我还只是一个年轻的园丁。"**
>
> ——托马斯·杰斐逊，写给夏尔·威尔森·皮尔的信，1811年8月20日

地迷住了，以至于他把修剪下来的枝条送给朋友和熟人，作为本次探险重大胜利的纪念品。 为了嘉奖这些无畏的探险者，探险活动结束后他们每人都获得了一个以其名字命名的同名属：琉维草属（*Lewisia*），隶属于马齿苋科，包括苦根琉维草（*L. rediviva*），开着粉红色的花，现在已是蒙大拿州的州花； 克拉花属（*Clarkia*），隶属于柳叶菜科。

玫瑰中的伦勃朗

只要有权势的人能吸引那些需要雇用的、需要得到批准的或者需要保护的人，那么随从就会存在。 欧洲皇室的随从中通常包括音乐家、艺术家以及那些需要接受资助才能生活的人。 什么样的人会加入，什么样的人会被淘汰，完全取决于皇室的特殊喜好。 18世纪神圣罗马帝国皇帝约瑟夫二世非常喜爱音乐，尤其钟爱歌剧，于是他就把莫扎特招入到他的随从中。 约瑟夫二世的姐姐玛丽-安托瓦妮特是法国国王路易十六的王后，她很爱花朵，于是毋庸置疑，为了能够获得最时尚的元素，她把皮埃尔-约瑟夫·雷杜德招入随从队伍中，让他专门从事绘画创作。 不过，当这位比利时画家进入皇室社交圈之后，他的生活就一直处在政治旋涡之中。 雷杜德想方设法在各种政治阴谋、革命运动和复辟运动中发展自己的绘画事业（和生存下来），尽量讨好那两位后来成为皇后的王后。 雷杜德在受雇于拿破仑·波拿巴第一任妻子约瑟芬皇后期间完成了他的八卷本杰作《百合圣经》，而在受雇于拿破仑·波拿巴第二任妻子玛丽-路易斯期间完成了另一部杰作《玫瑰圣经》，玛丽-路易斯是玛丽-安托瓦妮特的侄外孙女。

雷杜德出身于绘画世家，他的父亲和祖父都从事绘画工作。 雷杜德最初游走于各地进行绘画和室内装饰工作，后来他到巴黎投奔其兄长，他的兄长从事室内设计和剧场舞台设计工作。 雷杜德在巴黎博物馆遇到了他的指导老师格拉尔德·冯·斯潘东克，斯潘东克是服务于法国皇室的绘画教授，传授给

亚洲百合——日本柳叶百合（右图）和中国虎皮百合（对页图），这两种百合很快就赢得了欧美园艺人士的青睐。

在英国舰船"贝格尔号"上的5年旅行期间，查尔斯·达尔文为了能够长期保存植物标本以便用于后续研究，他对活体植物进行了压制处理。1834年12月，他在智利南部发现了这种铁角蕨（*Asplenium dareoides* Desv.）

了他点刻雕版技术。 夏尔·路易·莱里捷·德·布吕泰勒则教授了他植物学知识和解剖技术，并且介绍他进入法国皇室工作。 很快，玛丽-安托瓦妮特就要求雷杜德去画亚侬宫的花园，这是她在凡尔赛的私人花园及游乐场所。 法国大革命之后，雷杜德一直忙于以绘画的方式记录那些国有化了的花园，比如后来称为巴黎植物园的皇家植物园。 后来在受雇于约瑟芬皇后期间，他也做着同样的事情，如他所绘制的巴黎南部的梅松城堡。 雷杜德是位高产的画家，他在博物学以及古典建筑方面的作品数量超过了50卷。

雷杜德在《百合圣经》（于1805—1816年间出版）中将优美的水彩画与雕刻技术结合起来，创造出了468幅杰作，其中不仅有百合花，还有萱草和凤梨。雷杜德最著名的作品是《玫瑰圣经》（于1817—1824年间出版），他所描绘的玫瑰娇艳欲滴，并且通过点刻雕版技术的运用，玫瑰婀娜的姿态跃然纸上。雷杜德没有采用线雕的方式，而是在铜质雕版上进行精巧的点刻，这样更能描绘出色彩的鲜明层次，使得画面更为艳丽多姿。雷杜德非常善于学以致用，每当学会了一种新的艺术创作方法之后，他都能将其很好地融入到自己的技能当中，并以其独特的方式展现出来。点刻雕版技术的运用，使得他所描绘的植物插图作品栩栩如生，从前人和同时期艺术家中脱颖而出，为他赢得了"玫瑰中的伦勃朗"和"花儿中的拉斐尔"的绰号。这也使得雷杜德从此以后跻身于法国的上层社会。

不可思议的旅程

约翰·史蒂文斯·亨斯洛教授是剑桥大学的植物学家，很少有人能像他那样对学生产生如此深远的影响。他建议年轻的查尔斯·达尔文去参加野外探险，从而促成了史上最为杰出的科学考察活动。达尔文采纳了这个建议，受雇于英国舰船"贝格尔号"，成为探险队的博物学家和船长罗伯特·菲茨罗伊的助理。1831年"贝格尔号"从英国的普利茅斯出发，开始了它历时5年的航程。它先是到达了南美洲的东海岸，而后开始了环球航行。身为严谨学者的达尔文在本次探险活动中获得了充足的数据，最终促成了基于自然选择的物种起源理论的形成。

今天我们一提到达尔文就会想起伟大的物种起源理论以及人类的进化地位，反而忽视了这个理论建立在大量细微观察基础上的事实，并且也忽视了达尔文本身就是一名博物学家的事实。加拉帕戈斯群岛，这个与厄瓜多尔海岸线相距800千米以上、与世隔绝的火山群岛赋予了这位年轻的科学家无数的灵感。人们可能更容易记住的是巨龟和达尔文雀，而忽视了本地所独有的、分布范围非常局限的植物，但这些本地植物与巨龟、达尔文雀一样都是达尔文理论来源的重要线索。

在《"贝格尔号"航行日记》中，达尔文激动地记述道："我们确实有了非常了不起的发现，在加拉帕戈斯群岛所特有

"面对残酷的自然环境，人类为了满足自身需求，在每块土地上都进行了无数次实验，实验的成果通过传统的方式保留了下来，那些有营养、有刺激效果以及有药用价值的植物可能是最先被发现的植物，然而这些植物在进化研究中却属于最没有研究价值的植物。"

——查尔斯·达尔文，《动物和植物在家养下的变异》，1868年

棉花

Gossypium

人类穿着棉质衣物的时间已有上千年，这些衣物包括戴在头上的、穿在身上的以及穿在婴儿身上的。在亚洲和中美洲建立起联系的很多年以前，两大洲都分别发现了人类利用棉花的证据。这也说明人类至少在世界上的两个不同地方对棉花的原始祖先进行了驯化栽培。

棉花生长于温带和热带地区，与木槿属和锦葵属同属于一个科。棉花是一种灌木，心皮可以发育为棉桃。每个棉桃含有数粒种子，种子外面都包裹着柔软的纤维，这些纤维正是人们收集来用于织布和制作其他物品的原料。

棉花虽于世界各地均有发现，但在各地的起源时间有所不同，印度河流域保有着其最原始的完整记录。考古学证据显示，此地区的纺纱、织布和染色记录可以追溯到约5000年以前。棉花最初引入到地中海地区时应用前景还不明朗，而科学家们相信本地人一定会愿意使用棉花来织布，因为本地人已经掌握了亚麻纺织技术，而这与用棉花织布的技术是一样的。"没有哪种丝线能像棉花那样如此洁白，没有哪种织物能像棉花那样如此柔顺。"这是罗马历史学家老普林尼对于棉花的描述。然而直到中世纪，棉花才

IN THE COTTON FIELD.

由于棉花生长会耗尽土壤中的养分，所以采用能够在土壤中固定氮肥的豆科植物和棉花进行轮作成为了一项重要的农业创新。

在欧洲得到了广泛应用，这可能与它不适于在欧洲这种寒冷的环境下生长有关，因此那个时候棉花的获得仅能通过贸易这个途径。

美洲地区使用棉花的记录不甚完善。不过据推测，早在约公元前3500年，秘鲁就可能使用棉花来制作鱼线了。当欧洲殖民者发现新大陆时，棉花在美洲已经广为使用。

从1607年第一粒棉花种子被播种在詹姆斯的家乡弗吉尼亚以后，一个重要的工业时代就此开启了。此后的几百年间，棉花成为美国东南部非常重要的经济作物，不过这种成功依赖的是奴隶们的辛勤劳动。在南北战争爆发前夕的紧张时刻，南方的工厂主们坚信"棉花王国"是不会让他们失败的，因为南方的棉花作为重要的经济来源大量出口到海外。而在南方人错误判断了形势后，他们的经济命脉被掐断了，因为海外客户不想卷入美国内战的旋涡，转而从印度和埃及采购棉花。

如今棉花已在世界各地大量种植，棉花生产所需的劳力也已由机械化替代。在多数情况下，种植棉花的土壤需要施用现代化的肥料。中国引领着当今世界的棉花生产，主宰着这个繁荣的产业。

棉花年代表

公元前3000年，印度河流域开始种植棉花。	712年，摩尔人将棉花引入西班牙。	1492年，哥伦布到达加勒比海，发现当地人穿着的衣物是用棉花织成的。	1793年，伊莱·惠特尼发明了轧棉机，轧棉机能将棉花纤维剥离出来。	1842年，印度最早发现了棉铃象虫。	1873年，李维斯公司首次为金矿工人生产蓝色棉质牛仔裤。	1936年，美国率先发明了采棉机。

的38种无法在世界上其他地方发现的植物中，有30种仅分布在詹姆斯岛上；在加拉帕戈斯群岛的26种本地植物中，有22种仅分布在阿尔比马尔岛上。"植物进化的其他方面使达尔文感到了困惑，尤其是低等植物化石的大量发现使得该问题变成了一个"难解之谜"。

达尔文一生都在研究兰花。在维多利亚时代，达尔文收到了越来越多的兰花标本，除了不列颠群岛本地的兰花之外，还有那些兰花收集者们所提供的标本。这些标本使得英国的兰花种植者们感到非常困惑，因此他们就把这些标本送给了达尔文。为了吸引特定种类的昆虫替兰花传粉，它们进化出了很多策略，达尔文将这些策略都记录了下来。达尔文推测不同花朵间异花授粉产生的后代要优于自花授粉产生的后代，现在看来他的推测是正确的。达尔文在1862年所出版的著作《不列颠与外国兰花经由昆虫授粉的各种手段》中发表了这些观点，虽然与《物种起源》相比还有些单薄，但已经能充分地体现出一个真正的植物学家对所从事事业的热爱。

美洲巨人

随着美国西部环境逐渐为欧洲植物学界人士所知，人们的注意力就集中到了屹立在太平洋海岸线上的巨大的松柏类植物身

苏格兰植物学家戴维·道格拉斯曾进入美国西部探险，并带回了加利福尼亚一年生植物，如蝴蝶百合属（右一）和钓钟柳属植物（右二）。这些植物引起了全世界的注意，不过道格拉斯最为世人所知的事件是记录了冷杉，并且以他的名字为这种植物进行了命名——道格拉斯冷杉（对页图，又称北美黄杉）。

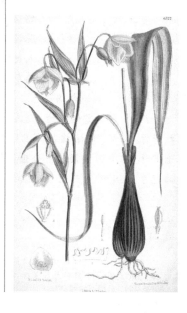

PSEUDOTSUGA DOUGLASII. CARRIÈRE.

园艺家们对奇异植物的重视和他们对传统观赏植物的重视一样，比如来自世界各地尤其是美国西部的各种不同种类的仙人掌。

上。 这些高大威武的松树、冷杉和红杉激发了他们的想象力，人们一直期待能够在北欧大陆上发现类似的新物种，以此来作为装饰材料和木材使用。 太平洋西北部地区的气候与苏格兰部分地区尤为相似，当地年轻而富有经验的植物学家戴维·道格拉斯开始逐渐进入人们的视野。

在格拉斯哥皇家植物学会工作的威廉·胡克是道格拉斯的导师，后来胡克成为了皇家植物园——邱园的第一任主任。1824年，胡克安排道格拉斯进行一次植物探险之旅，这次探险是历史上植物探险活动中的一次史诗般的创举。 一年之后，道格拉斯用船把采集的标本运回了英国，通过这种方式有效地引入了一打以上的松柏类植物，其中包括那种以他的名字命名的冷杉。 用这种方式来纪念道格拉斯的贡献非常合适，因为他是第一位能够辨识太平洋西北地区松柏类植物的欧洲植物学家。

西部白松（或称爱达荷白松）也是由道格拉斯发现的，他采集的样本还使全世界的植物学界人士第一次见识到了北美黄杉、罗奇波尔松、糖松以及红冷杉。 道格拉斯在给苏格兰的胡克回信时提到，他一直在考虑本次探险中究竟还有多少种植物未被发现。 他说："估计您可能会想，我正在这儿随心所欲地制造松树呢。"　道格拉斯的贡献不局限于他所发现的松柏类植物，他引入到英国的植物品种超过了200个，这其中包括羽扇豆、醋栗和加州罂粟花。　因在夏威夷被公牛角刺伤，道格拉斯年仅35岁就不幸英年早逝。　1827年，英国植物学家约翰·林德利以道格拉斯的名字命名了道格拉斯属植物，该属植物属于报春花科。

透明容器的解决方案

与许多现在的伦敦人一样，内科医生纳撒尼尔·巴格肖·沃德很享受他的园艺生活。他的花园位于伦敦东部的一处广场边，他对植物的热衷与喜爱可以透过这座花园得到部分呈现。　沃德在一生中收集了25000份植物标本，不论是在业余领域还是在专业领域，这些经过干燥、压制和装裱好的植物标本都堪称植物标本收藏领域的核心之作。　不过干燥标本与活体植株所需求的环境并不一样，由于19世纪伦敦污染状况异常严重，沃德医生花园中的蕨类植物长势很差。

某天，沃德医生正在检查密闭坛子中孵化的蚕蛹时（昆虫是他的另一个爱好），他注意到有些蕨类植物的孢子附着在坛子底部的土壤上，并且长势很好。　这启发了沃德医生的灵感，他精心设计了一个在密闭环境下进行植物栽培的实验。　他雇用了一个工匠，建造了一个大小合适且镶嵌有玻璃板的密封木箱，然后在木箱内成功地种植出了蕨类植物。

"一般意义上的园艺就是极力模仿自然条件下的植物生长。"

——N. B.沃德，《密闭玻璃容器中植物的生长》，1842年

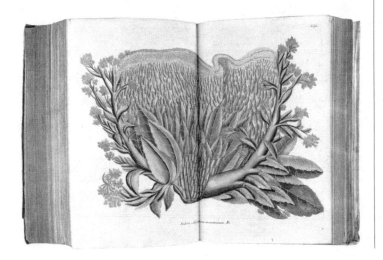

借助于玻璃容器及温室体系，19世纪温带地区的植物爱好者就可以复制出热带地区和沙漠地区的气候条件，于是他们开始种植所喜爱的热带植物，如这种非洲景天。

Plate 141.

The Apple Tree or Pearmain { 1. Blossome.
2. Fruit.
3. Fruit open.
4. Seed.

Malus sativa.

'liz. Blackwell delin. sculp. et Pinx.

苹果

Malus spp.

如果我们相信《圣经》的话，那么所有的故事都起源于一个苹果。植物学界指出，如果夏娃真的给了亚当一个原始的苹果，那么这种苹果应当是一种小而坚硬、味道酸涩的果实，一点儿也不像我们今天所享用的大而多汁、味道甜美的果实。无论是生长于高加索山脉的苹果祖先还是如今水果店里最受欢迎的品种，苹果中的每粒种子在基因构成方面都会有所差别，由这些种子发育成的果树所结出的果实与母株之间也同样存在差异。

这种差异(称为遗传杂合性)虽在植物界和动物界中属于常见现象，但在苹果栽培领域中尤为重要。因为各粒种子都具有遗传差异性，如果不采用传统的嫁接技术，那么每株苹果树都会存在着差异。

嫁接是将一个植物体的枝条小心地连接到另一个植物体的生长部位上，使两个植物体的组织能够形成一个共生结合体的过程。嫁接这种方法是由中国人和古罗马人各自独立发明的。

苹果的身影出现在世界各地的神话故事

苹果在世界各地的神话和传说之中都有出现，该词可能囊括了其他各类水果。

中。在古人类语言中，人们将任何生长在果树上的水果都称为苹果，因此神话中所指的苹果实际上也可能是橙子、桃、梨或者李子。

罗马帝国衰落时期苹果产量出现了明显下降，嫁接技术几乎被人遗忘，直到16世纪苹果产量有所恢复时嫁接技术才重新兴起。

最早期的新大陆移民将苹果树幼苗携带至大西洋彼岸，并以这些幼苗开启了新的产业。本地唯一可用来嫁接的树木是果实又小又酸的山楂树，因而新大陆的苹果嫁接工艺不得不开启了新的旅程，并且它很快就成为了向西方扩张的重要产业。

据说约翰·查普曼(即苹果佬约翰尼)沿着美国东部和中西部的主要水道旅行，沿途开辟了许多小果园，这些小果园奠定了美国苹果产业的基础，以此衍生出了多个苹果品种，如蛇果、金冠苹果、醇露苹果以及麦金托什红苹果。其他大洲新近也培育出了新的品种，如澳大利亚的绿苹果和日本的富士苹果。这些苹果品种都在全球的苹果产业中赢得了一席之地。

苹果年代表						
约公元前200年，老加图在《论农业》中描述了嫁接技术。	400年左右，圣罗姆进行果树嫁接技术实践，以"摆脱懒惰和魔鬼"。	1000年，中国开始栽培苹果。	1618年，劳森的《新果园和花园》是第一本有关苹果的英文书籍。	1790年，托马斯·安德鲁爵士开发出系统性的苹果杂交技术。	1904年，密苏里州的一位水果商宣称："一天一个苹果，医生不上门。"	2000年，加利福尼亚的科学家在苹果中鉴定出新型抗氧化剂。

菊花："园艺植物中一大类重要的品种"，摘自19世纪80年代伦敦出版发行的《园艺插图词典》。菊花有很多个品种，这幅插图描绘了其中的3个。

沃德医生于1833年进行了一项重大实验，他将两个装有蕨类植物和草本植物的玻璃箱运送至澳大利亚的悉尼。这些玻璃箱能够接收到阳光的照射，通过冷凝过程保持住水分，并且可以防止植物体生长所需元素和矿物质的散失。以这种方式运送到悉尼后，玻璃箱内的植物体保存完好，然后沃德与对方协商进行植物交换，以同样的方式把澳大利亚本地脆弱的植物带回了英国，这些植物同样毫发无损。

现代玻璃容器的原型沃德箱很快就成为了标准化的植物培养设备，在维多利亚女王的住所用它保护植物体免受煤气灯的烟熏之苦。沃德箱更大规模的用途是用来运送精美且脆弱的植物，将它们从地球的一端安全地运送至另一端。

传奇的果树栽培学家

18世纪晚期，一个孤单的身影一直沿着宾夕法尼亚的小路向西前进。 他随身携带了大量的苹果种子，这些种子是从果渣以及制作苹果酒后剩余的固体废弃物中收集来的。 他在人烟稀少的俄亥俄停留下来，开辟了苹果树苗圃，并将照料苗圃的工作委托给了一个当地居民。 几年之后，他将苗圃中的一些树苗卖给了当地新到的定居者。 他每隔一年就会回到苗圃查看他的树苗，并且将所卖树苗的收入转给那个替他照料苗圃的当地居民。

此人向西一直行进到印第安纳和伊利诺伊，而且随着年月的流逝，此人变得越来越古怪，穿着越来越破烂。 这个孤单的身影逐渐成为了一个传奇： 一个不停巡回的苗圃主人，一个高唱颂歌的传教士，一个为了能够在天堂中赢得更佳地位而摒弃物质享受的人，一个践行斯韦登格基督教教义的人。 此人的名字是约翰·查普曼，他更为人熟知的绰号是"苹果佬约翰尼"。

苹果可能起源于亚洲中部的哈萨克斯坦，它最有可能的传播路线是丝绸之路。 无论传播到哪里，苹果都广受欢迎。 早期时候，英国移民者将其所爱的苹果品种带入北美洲，在当地与山楂进行杂交。 苹果的选育需要一代又一代的积累，而且必须采用嫁接的方式进行。 如果使用苹果的种子直接繁育，那么培育的苹果树与母体植株的差异会非常显著。 苹果种子直接繁育产生的苹果与嫁接的苹果相比，个头小，而且没有甜美的味道。

苹果的这些特性在拓荒时期无关紧要，因为当时种植的苹果都主要用来制作苹果酒。 制冷技术出现以前，几乎所有新鲜压榨的苹果汁都会很快用来发酵制作苹果酒。 苹果酒的酒精含量只有葡萄酒的一半，所有年龄段的人们都能享用，并且苹果酒是那个时期能够获得的仅有的安全饮料。 苹果酒简直就是一种天然饮料，它的制作工艺仅仅包括压榨果汁这个过程，也正因为如此，苹果酒躲过了风靡一时的戒酒运动。

然而在20世纪，苹果酒还是受到了冲击，绝望的苹果生产商们开始宣传长期食用苹果的益处，以此来拯救苹果产业。

作为当今最普遍、最受欢迎的水果之一，苹果的品种数量达到了20000种，这还不算很多没有命名的品种。 苹果佬约翰

> "他用语言来描述这样的画面——'日渐长大成熟的果实是万能的神所赐予的美丽且珍贵的礼物'，直到他的听众几乎能够感受到那些美丽的画面就展现在眼前。"
>
> ——《苹果佬约翰尼：一位英勇的先驱者》，《哈珀新月刊》，1871年

尼，甚至在1845年去世以前就已经成为了美国民间偶像中的殿堂级人物，这些殿堂级人物还包括后来的戴维·克洛科特、约翰·亨利以及凯西·琼斯。

终结孤立

美国人在庆祝建国50周年的时候，他们在世界探险舞台上还不具备竞争性。焦虑的美国科学家们向国会反映了这个问题的严重性，并推动国会批准了庞大的南太平洋探险计划，即威尔克斯探险。本次探险活动以其指挥官查尔斯·威尔克斯上校的名字命名。

1838年，探险活动启程，探险队包括7艘舰船，旗舰是威尔克斯所在的"文森号"。参与探险的9名科学家包括威廉·邓禄普·布拉肯里奇和威廉·里奇，两位都是植物学家。美国当时最杰出的植物学家阿萨·格雷原本也同意参加探险活动，但后来去了密歇根大学就职。探险活动持续了4年时间，航行距离接近14万千米，明确地证明了南极洲是一块大陆，另外本次探险活动还到达了七大洲中的大部分大洲。探险队于1842年返回美国，装载了涉及博物学、地质学以及人类学领域的大量标本和样品。

然而，这些采集回来的用于科研的标本却没有足够的地方储存和保护，许多标本都移交给了不同的机构和个人。其中，将近10000份植物样本转送给了阿萨·格雷，格雷付出了很多力组织人力对这些标本进行鉴定。威尔克斯上校希望这次探险活动能够成为美国探险史上的里程碑。按照他的意愿，格雷与欧洲的植物学家建立起了沟通的渠道，并将威尔克斯探险活动的标本复制品送与对方研究，以帮助对这些标本进行分类学鉴定。

格雷的智慧提升了美国植物学界在国际学术圈中的地位。从长远来看，威尔克斯探险活动收集标本所遭遇的储存困境明确地提醒美国政府"迫切需要建立国家机构来储存标本"。本次探险活动及所采集的多类标本为建立史密森学会（具有讽刺意味和争议的是，它的建立是通过英国科学家詹姆斯·史密森的遗赠而实现的）和美国植物园提供了原动力。

英国园艺家威廉·汤普森培育了野生堇菜，即三色堇（下图）。1839年，他偶然发现了酷似人类脸庞的三色堇品种，他将其称为汤普森的梅多拉。从此之后，这个品种的三色堇开始在欧洲广泛流行起来。植物插图画家（如著名的雷杜德）与家庭主妇们有着共同的爱好，都喜欢用春天的鲜花插成的花束（对页图）。

Bouquet de Camélias Narcisses et Pensées.

Abies bracte

x. Don.

"一个充满探索实验、洋溢着激情的花园该多么美好啊！"
—— 本杰明·迪斯雷利，《西比尔，或两个国家》，1845年

帝国
1840-1900

大英帝国经济的繁荣和国家地位的提升增加了它在19世纪的国际竞争力，而这个时期植物领域的竞争则位于各类竞争的核心地位。许多殖民势力集团（例如在加尔各答和新加坡）建立起了种植园，管理和培育本地植物，用于出口和商业贸易，并且创造条件驯化外来植物。维多利亚女王作为世界头号帝国的领袖，其影响力遍布英国内外，在植物学界也刮起了一股维多利亚时尚之风。 美国在建国100周年之际，与其他科学领域一样，试图在植物学界中寻求更重要的地位，于是他们建立了从事植物学研究的国家机构。 而北美洲本身也持续为植物猎人们提供奖励，鼓励他们的植物探险行为。 东亚的情况也差不多，人们采用了多种方式（非法的和合法的）获取中国和日本的植物。 工业革命的新技术同样为植物学界带来了益处，使得更多植物在远离其发源地、气候条件不同的地方得以繁殖。

随着欧洲势力向全球范围蔓延，他们对于新植物的需求也与日俱增，于是亚洲杜鹃花（对页图）就被引入到了欧洲和美国东部地区的花园中。冷杉树这个新物种是在美国西部植物探险中发现的，此种植物以其巨大的球果（前页图）显得与众不同，获得了全世界的关注。

⚙	知识与科学	权力与财富	健康与医药
非洲和中东地区	1859年，奥地利的弗雷德里希·威尔维茨报道了有两片巨型叶子的非洲沙漠植物，这种植物后来以他的名字进行了命名，即百岁兰（*Welwitschia mirabilis*）。约瑟夫·胡克将其称为19世纪最奇妙的植物大发现。	"旅行家就应该是一个植物学家，因为旅途中最主要的风景就是植物。" ——查尔斯·达尔文，《"贝格尔号"航行日记》，1839年	
亚洲和大洋洲	1851年，休·洛在婆罗洲的基纳巴卢山发现了巨型猪笼草（马来王猪笼草，*Nepenthes rajah*）。 1883年，理查德·亨利·贝多姆出版了《英属印度、锡兰和马来半岛的蕨类植物指南》。	1842年，鸦片战争结束，中国向植物探险者们打开了大门。 1843–1860年，罗伯特·福琼将桔梗花、荷包牡丹、金钱松、中国流苏树、耐寒橙、六道木、锦带花和郁香忍冬等植物从中国引入到了英国。 1858年，通商条约签订之后，日本开启了与西方世界的贸易活动，其中包括植物贸易。	1867年，印度科学家K.L.戴伊出版了《印度本土药物》一书。 1868年，英国医生E.J.华林出版了《印度药典》一书。
欧洲	1842年，化肥在英国德特福德首次生产出来。 1842年，N.B.沃德出版了《密闭透明容器中的植物生长》，他普及了温室、养殖箱和收集盒等设备。 1870年，威廉·罗宾森出版了《花园中的野生植物》，书中介绍了自然生长的野生植物和可自我维持的花园体系。 1875年，查尔斯·达尔文出版了《攀援植物的运动和习性》。 1888年，约翰·博伊德·邓禄普发明了用天然橡胶生产轮胎的方法，轮胎是天然橡胶的主要用途。	1899年，英国的约翰·维奇苗圃派出探险队进入中国西部搜寻杜鹃花。  月形天蚕蛾	1859年，德国化学家阿尔伯特·尼曼开发出了从古柯叶中提取有效成分的方法，并将提取物命名为可卡因。 1897年，德国拜耳公司开发出了生产乙酰水杨酸的方法，这种物质来源于柳树皮，后来很快被命名为阿司匹林。 1898年，德国拜耳公司将海洛因作为一种止痛药来使用，但于1917年停止生产此种药物，因为此种药物具有高度成瘾性。
美洲	1841年，安德鲁·杰克逊·唐宁出版了有很大影响力的专著《北美洲园林景观理论与实践》。 1869年，舞毒蛾被带入到美国进行实验研究，但其中的一些从实验室中逃了出来，最终造成了美国东北部森林的毁灭性灾害。 1877年，密歇根农学院的W.J.比尔为了提高玉米产量，首次研制出了可控的杂交玉米变异品种。	1854年，智利的苜蓿种子被引入到美国，苜蓿后来成为了重要的饲料及大田作物。 1862年，美国设立了农业部。 1893年，美国最高法院将番茄列入蔬菜名录，于是进口商约翰·尼克斯必须为从西印度群岛进口而来的番茄缴纳10%的蔬菜关税。	1867年，东印度公司职员将金鸡纳树从秘鲁引入到了印度，将其作为抗疟疾药用植物进行培育。

食物与香料	衣物与住所	美与象征意义
		19世纪，原产于非洲的凤仙花属植物首次以床头装饰物的用途在英国进行培育。
		1892年，沃尔特·冯·圣保罗·伊莱尔男爵给德国赠送了首批非洲堇的标本。
		1896年，最常见的凤仙花属植物从苏丹的桑给巴尔引入到美洲。基于这种植物的原产地在苏丹的缘故，其早期的名字就叫作苏丹凤仙（*Impatiens sultani*）。
1870年，李子（*Prunus salicina*）被引入美国。	1851年的伦敦水晶宫，种有树木和睡莲。	印度班加罗尔的拉尔巴格庄园建于1760年，1856年被确定为国家植物园。
		1878年，印度的大吉岭建立了劳埃德植物园。
		1883年，日本首座植物温室建成，并且从英国和法国引进了兰花。
1840年，贝德福德公爵夫人开创了下午茶的饮食习俗。	1844年，英国人约翰·梅塞发明了碱化棉花的处理方法，此方法能够提升棉花的光泽度和耐用性，染色效果大增。	19世纪40年代，欧洲园艺人士喜爱场地被大片色块覆盖，从而促使园艺家们培育出了更大的花朵。
1845年，马铃薯疫病从美洲传到了欧洲，导致爱尔兰马铃薯减产，造成了百万人被饿死的悲惨结局，并迫使百万余人逃离了爱尔兰。	1880年，德国人阿道夫·冯·贝耶尔与实验室中的同事成功合成了靛蓝。	1900年，约瑟夫·佩内特·迪谢最先引入了被认为是黄色杂交玫瑰的植物，称之为金太阳。
1875年，丹尼尔·彼得将奶粉加入到巧克力中，制造出了牛奶巧克力。		
		五彩芋，一种被驯化的热带植物
1848年，美国缅因州班格尔的约翰·柯蒂斯首次利用云杉树脂生产出口香糖。	1840年，马萨诸塞州斯托布里奇的约翰·德雷瑟获得了手动单板车床的专利授权，手动单板车床是生产三合板的重要设备。	1841年，医生兼植物学家威廉·达灵顿建议为史密森学会建造植物园。
1857年，芝加哥的谷物出口量达到了1800万蒲式耳（1蒲式耳=35.238升），20年前每年的出口量仅有100蒲式耳。		1896年，纽约植物园建立。
1864年，杰伯斯·伯恩斯设计了一台能够烘烤咖啡豆并提供咖啡粉的机器。	1873年，李维斯公司凭借其蓝色棉质牛仔裤获得了口袋缝合和铆钉专利。	
1886年，约翰·S.彭伯顿发明了可口可乐，这可能是一种用水、可乐果、糖、香草、肉桂、青柠以及古柯叶提取物等加工而成的饮料。		

美洲地区的植物持续吊起了国际植物学界的胃口。 尽管人们对它们不太了解，它们也不像华丽的欧洲植物那样能够吸引更多的注意力，但是美洲各地植物还是供不应求。 为了满足需求，激烈的竞争产生了。 由于感受到了英国和欧洲大陆的植物学家、园艺家以及植物猎人们的压力，美国人开始忙着建立本土植物的信息库以及对美洲植物进行科学研究并从中获利，其中所面临的挑战还包括如何印制出尽可能全面的、包含北美植物信息的资料。 美洲大陆的博物学领域涵盖各个方面，特别是鸟类及哺乳动物，它们与美洲植物一样引起了同等程度的关注和报道。

身为植物学家和动物学家并偶尔从事印刷工作的托马斯·纳托尔，在从1808年开始的30多年时间里一直致力于北美洲植物和鸟类的相关工作。 托马斯·纳托尔离开英国到达美国以后，就立即去拜访住在费城的杰出植物学家本杰明·史密斯·巴顿，他悉心听取了巴顿的建议，并且也采纳了威廉·巴特拉姆的建议。 后者是著名的贵格会园艺组中一位富有经验的年轻成员。

在巴顿的建议下，纳托尔在特拉华、切萨皮克湾、五大湖以及密苏里河地区开展了几次探险活动。 在密苏里河探险的过程中，他采集到了一些珍贵的标本。 梅里韦瑟·刘易斯和威廉·克拉克也曾经采集过这些标本，但最终遗失了。 在英国安全度过了1812年的战争之后，纳托尔返回美国重新开始采集标本。 在此期间，他积累了丰富的知识。 1818年，他出版了《北美植物分属》。这部著作激起了北美民众的广泛兴趣，其重要原因是它采用了英语而非拉丁语。 后来，纳托尔一边继续研究植物，一边接受哈佛大学博物学教授的职位，开始从事鸟类研究，于1832年和1834年出版了《美国和加拿大鸟类手册》。 后来纳托尔向西部地区进发在陆地上进行植物采集，接下来他又航行至夏威夷，然后从夏威夷返回到了太平洋西北地区。 1841年，就在纳托尔为满足居住条件要求返回英国之前，他完成了由法国植物学家弗朗索瓦-安德烈·米肖发起的《北美森林志》的编写工作。 他们的工作成果使人们能够首次全面认识到北美森林中的各种树木。

美国建成植物园

19世纪40年代，美国政府资助了多项科学探险活动。 这

"完成宏伟的大自然探险计划，需要我们摒弃个人主义的自高自大，需要所有植物学家共同努力，需要所有国家共同参与。"

——托马斯·纳托尔，《北美植物分属》，1818年

Gloxinia Princesse de Prusse.
Semis Erfurt. — (Serre chaude.)

大岩桐所有杂交品种的亲本植株都来自巴西，比如这种以玛丽亚·路易丝·奥古斯塔·凯塔琳娜命名的植物。凯塔琳娜是萨克森-魏玛-艾森纳赫大公的女儿，为这种植物命名的时候她还是普鲁士王国的公主，后来她成为了皇后。

些探险活动采集了源源不断的植物标本，因此，迫切需要合适的地方来有序存放这些标本，以便于后续的研究使用。 1842年威尔克斯南太平洋探险活动（见第4章）结束，本次探险历时4年，探险队返回时带回了许多植物标本。 这些标本中有些已经死亡，但有些仍然鲜活。 这些收集而来的植物标本被安放在哥伦比亚大学，并且交由阿萨·格雷和约翰·托里保管。 阿萨·格雷是哈佛大学新成立的史密森学会的最高管理者，约翰·托里则为位于纽约市的哥伦比亚大学植物学教授。

不过哥伦比亚大学并不是一个理想的存放地点，植物在那

"*需要以一种原始的或野生的角度去欣赏野果的美味。*"

——亨利·戴维·梭罗，《野苹果》，1862年

里的生长状况欠佳。 这些标本在华盛顿旧专利办公大楼后的临时温室内培养了8年，于1850年搬迁到了第一座美国植物园内。这个植物园位于国会大厦前面，也就是如今倒影池所在的位置。直到1933年，这个植物园才搬到了现在位于国会大厦西南部的这个地点。 现在植物学家们认为植物园内的3株植物标本（一株苏铁和两株雌雄同体的西谷椰子）可能还是当时威尔克斯所带回来的标本，它们一直存活至今。 威尔克斯探险所带回的标本最终转移到了史密森学会，成为美国国家自然历史博物馆植物部藏品的一部分。

瓦尔登湖的植物学家

当大多数美国学者热衷于研究遥远西部的巨型树木时，一个沉默寡言的新英格兰人却执着于他的出生地和家乡马萨诸塞州康科德的本地植物，此人就是亨利·戴维·梭罗。 梭罗一直以来对于植物都有着浓厚的兴趣， 1845—1849年，他居住在瓦尔登湖畔的一个简易住所内。他经常行走于康科德森林的小路上，并时常低头观察生长于地表的植物，为此他还得了头痛病。 新英格兰地区生长着约3000种维管束植物，梭罗收集了其中的900种，并将它们晾干压制成了植物标本。 他详细记录的植物信息后来被整理成书卷《野果》，这本书于梭罗过世多年后的1999年出版。 从书中内容来看，梭罗熟知所记载的每种植物的细节结构，熟练掌握了勘察植物的方法，并且具备丰富的相关知识。他以一种非常个性化的方式来描述植物，比如用散文的形式以20页的篇幅来描述黑果木和黑莓（悬钩子属）： "无论它们是俯身在阳光明媚的山坡上的香蕨木和漆树之间，在浓黑的果实之间夹杂着红果和绿果，还是茂盛地生长在低地或路边，结出更大的果实，黑莓无疑都是最好的浆果。"

尽管梭罗深深地爱着康科德，但他知道距离波士顿24千米远的城镇生态环境无法真正代表原始森林的生境。 于是，为了探索更为原始的森林生态，他开展了几次缅因州的探索之旅。 "到处都是青苔和麋鹿。" 这是梭罗对于他旅行地点的评价，

美国野生植物差异巨大，小至乡村中的黑莓（上图），大至巨型红杉（对页图）。植物学界最初获悉巨型红杉是在1852年，1864年开始对其进行保护以作为木材使用。

Plate XV.

大麻

Cannabis sativa

大麻这种植物一直处于争论的旋涡之中，这些争论既有植物方面和法律方面的，也有伦理方面的。植物学家们对其所属科的分类地位存在着分歧，有的认为它应该属于荨麻科，有的认为它应该属于桑科，也有的认为它应该属于一个单独的科，即大麻科；而且更为重要的是，关于不同形态的大麻究竟是属于不同的种、不同的亚种还是不同的品种这个问题，植物学家们仍然没有定论。

大麻起源于亚洲中部，有着悠久的栽培历史，它的最大用途是制作纤维。然而，不知是出于人为选择还是地理分布，或者二者皆有的缘故，大麻这种植物的进化至少产生了两个分支，这两个分支的区别在于生长习性以及所含有的四氢大麻酚的水平不同。四氢大麻酚是大麻所特有的神经兴奋性复合物。用于制取化学药品的大麻叫作毒品大麻(marijuana)，用于获得纤维的大麻称为纤维大麻(hemp)。

大麻纤维是一种最为古老的植物纤维，在古代文明中发挥着巨大的作用。与棉花相比，大麻纤维更长、更坚韧，吸湿性更好，并且更不易发霉。大麻纤维可以用来织布、造纸，在航海

当纽约的童工在大麻制绳工厂劳作的时候，（据1852年版《顺势疗法手册》的记载）"医务人员"正在乐此不疲地探讨大麻的各种用途。

方面也有特殊用途，主要用来制作帆布和缆绳。因此，在大航海时代和新大陆勘探时期，大麻纤维是非常重要的物品，大麻在世界各地均有种植。美国早期大麻的种植量很大，在乔治·华盛顿、托马斯·杰斐逊以及本杰明·富兰克林执政时期都有大麻种植，书写《独立宣言》所用的纸就是用大麻纤维制成的。

近些年来，大麻纤维的使用有卷土重来的趋势。相对于棉花来说，大麻对于害虫具有天然的抵抗力，种植时无需喷洒农药。对于造纸业来说，大麻纤维也是木浆的合适替代者，每亩大麻纤维的产纸量是同等面积森林产纸量的4倍。与木浆纸相比，麻纸寿命更为长久，并且不会变黄。很多现在版本的《圣经》都采用麻纸来印刷。

然而大麻所具备的其他特质却限制了大麻纤维在现代商业中的应用潜力。20世纪时期，全世界超过100个国家制定了相关法律以限制毒品大麻制品的生产，仅允许其应用于麻醉药品领域。

与此同时，医学家们发现大麻中的复合物有益于某些疾病的治疗，例如缓解癌症化疗后的副作用和治疗青光眼。关于大麻的争论仍很激烈，而它也仍旧在争论的旋涡中继续生长。

大麻年代表						
公元前4000年，大麻最初在中亚地区开始栽培，用以制作纤维。	公元前1000年，用大麻纤维制作的衣物传播至西亚和埃及。	约500年，大麻广泛种植于欧洲地区。	1840–1860年，美国大麻工业繁荣时期。	1937年，税制禁止了毒品大麻的使用，使得美国纤维用大麻的生产也陷入停滞状态。	1942年，第二次世界大战期间美国公民被要求种植"胜利的纤维大麻"。	1957年，美国政府宣布种植毒品大麻为非法行为。

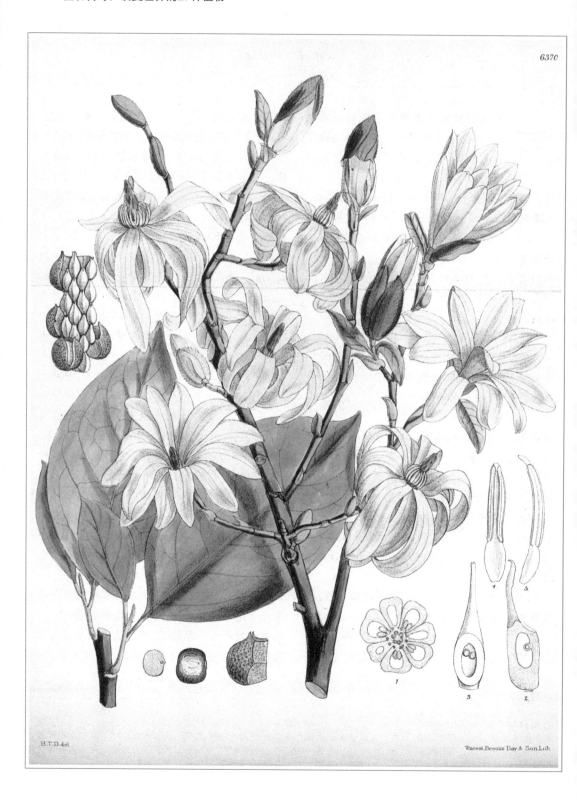

6370

H.T.D.del

Vincent Brooks Day & Son.Lith.

那个时候缅因州的生态环境已经发生了不可逆转的变化，许多早期殖民者见过的高大笔直的白松（北美乔松，*Pinus strobus*）已被砍伐。殖民地时期，白松，尤其是那些生长在水域附近的白松经常被标记上"国王之箭"的符号。这些高达70米的白松被保留下来专供皇室使用，其他大部分都用来制作皇家海军舰船的桅杆。这些做法引起了新英格兰殖民者的不满，因为白松是他们重要的生活来源，他们用这种软木来装饰房屋，也用它来制作家具（和棺材）。即使面对这种状况，梭罗还是像在家乡观察草地生态环境一样，投入了很大精力仔细研究缅因州的自然生态状况。梭罗说，他们在野外考察疲惫时，蓝莓最能激起大家的热情。"蓝莓简直就是天赐的美味大餐，引诱着疲惫的队员们继续前进。每当有人落在后面时，'蓝莓'的呼唤就成了最有效的避免掉队的办法。"

梭罗一生都在研究植物，他认真详细地记录了康科德地区500种植物最初开花的时间信息，通过与当今同一地区的记录进行对比就可发现，哪些种类的植物已经消失，哪些种类的植物的花期变得更早。这些信息是给予我们这些后人的恩赐，让我们更容易理解气候变化的状况。梭罗于1862年因肺结核逝世，年仅44岁，他所采集的植物标本被转交给他的母校哈佛大学，也有益地补充了他的朋友、植物学家阿萨·格雷所采集的标本。

19世纪60年代日本美女移民者画像，此画像中描绘有星花木兰，这种灌木植物在早春时节盛开（如对页图所示），于是很快就成为了广受欢迎的植物。此画像中还描绘有燕子花，燕子花又称玉蝉花，在当地它是一种久负盛名的水生植物。

毒品泛滥的亚洲

19世纪，植物学界对亚洲各个地区尤其是中国、日本和印度的植物资源产生了浓厚的兴趣，但由于种种原因，西方国家无法与中国和日本建立起外交联系，大部分到中国旅行的西方人仅能去的两个地方是广州和澳门。传教士是能够深入到中国和日本内地的少数几个外国人群体，他们在一定程度上充当了知识和文化沟通的桥梁。由于当地缺少专业知识和专业器材，植物学家在这些国家就显得尤为重要。

当时的情况不仅仅是中国闭关锁国这么简单。英国以及其他欧洲国家都对中国与西方国家之间的贸易不平衡产生了警觉。欧洲国家从中国买入茶叶、瓷器、棉花和丝绸，清政府要求必须使用白银来支付，而中国却很少从西

"我听闻过很多关于喜马拉雅山脉杜鹃景观的描述，而当我亲眼见到时仍被它深深地震撼，它超出了我所有的想象！"

——约瑟夫·道尔顿·胡克，引自《锡金-喜马拉雅地区的杜鹃花》的序言，1849年

像约瑟夫·道尔顿·胡克这样的花卉猎人敢于闯荡中国和印度地区（山脉另一面）的喜马拉雅山脉，寻找新的植物品种，比如这种精美的柳条杜鹃（*Rhododendron virgatum*）。

方国家购买物品，于是英国就从印度大量进口鸦片，卖给中国以换取白银，造成了大量中国人嗜抽成瘾的局面。

1839年，由于鸦片进口所导致的社会和经济活动停滞，清政府决定在广州开展禁烟运动，造成了英国和中国之间的一系列军事对抗，并且最终导致了21年之后英法联军发动的战争。

战败的清政府被迫签订并执行了一些不平等条约，增加开放的港口数量，允许外国人到中国内地旅行。因此，自鸦片战争之后，西方国家就打开了中国的大门，他们迫不及待地在全中国范围内开展植物采集活动。

早在鸦片战争之前，苏格兰植物学家罗伯特·福琼就已经开始了在中国的探险活动，这次探险活动是由伦敦的皇家园艺学会赞助的。为了避免引起人们的注意，福琼穿着当地服装，学会了一口流利的中国普通话。通过这种方式，福琼在第一次探险活动中收集了很多标本，装满了许多沃德箱并送回英国。福琼的第二次任务是替英国东印度公司采集茶树，学习茶叶贸易，从而能让东印度公司在印度开展茶叶的规模化生产和贸易活动。福琼同样采用了上次探险的方法，共收集了2万多株茶树幼苗，并将它们装入沃德箱中送往位于喜马拉雅山脉南麓的印度。同时，他也运送了一些中国茶叶工人，这样就帮助印度当地建立起了茶叶工业。

鸦片战争后，大批植物猎人来到中国采集植物，然而最早期、成果最显著的植物采集工作是由法国传教士完成的，其中最著名的是阿尔芒·戴维德（中文名为谭卫道）。他在中国西部传教，采集了上千种植物的种子和植株，并将它们制成干燥标本进行保存。

1854年以后，外国游人逐渐被准许进入中国和日本。欧洲苗圃公司抓住这个机会立即派出植物猎人前往中国和日本开展植物采集工作。这些苗圃公司中规模最大的是位于英国埃克塞特的维奇苗圃公司，这家公司是由苏格兰园艺家约翰·维奇于19世纪早期创立的，而后又由他的儿子和孙子继承下来。维奇公司创立了一个苗圃帝国，它向全世界派出植物猎人，获取可用来培育的新的植物标本，然后销售给公共花园和私人花园，获取利润后再进一步成功繁育外来植物。东亚的再次开放，燃起了园艺学家们对于探索新物种的强烈愿望，这样就能给植物猎人猎寻欧洲以外地区的植物提供了稳定的资金支持。

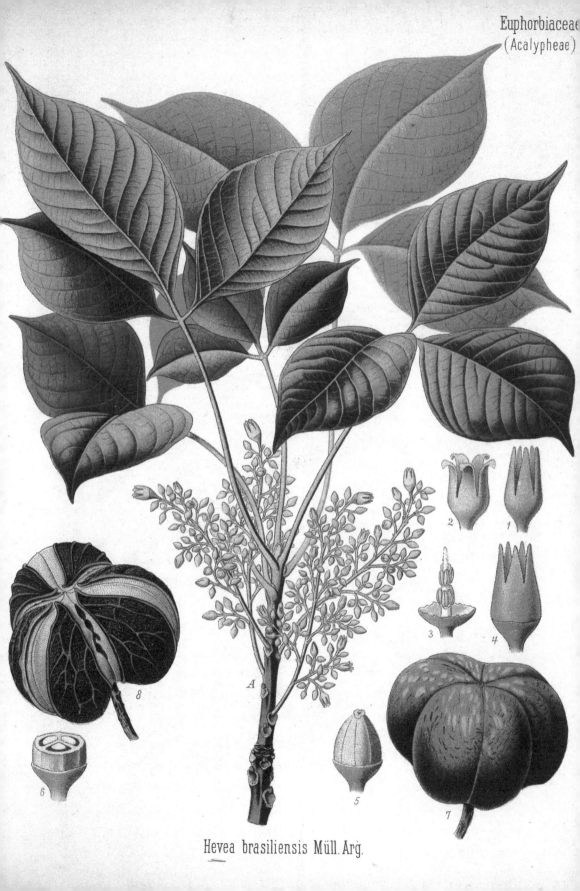

Hevea brasiliensis Müll. Arg.

橡胶树

Hevea brasiliensis

没有橡胶的生活是难以想象的。轮胎、垫圈、手套、靴子、玩具、工具、地板材料……这些物品都是用橡胶制作而成的，而它们仅属于橡胶制品清单中的一小部分。虽然橡胶是一种很常见的材料，然而人们很容易忽略它的来源是植物。

天然橡胶取自橡胶树的汁液，它是一种叫作乳胶的白色乳状物，通过在树干中打洞以及定向引流的方式进行收获。树干打洞完毕之后，流出的乳胶就会被收集起来，然后通过化学方式进行加热。几种不同的植物都可以用来生产橡胶，现如今最常用来生产橡胶的植物是巴西橡胶树（*Hevea brasiliensis*）。

正如学名所示，巴西橡胶树起源于南美洲，其发现和使用已有一段很长的历史。其中有几条哥伦布时期以前的线索，线索中提到了南美洲本地人会在外衣上涂一层防水的液体，当地人称之为"Cahuchu"，意为树之眼泪。两位法国科学家从南美探险回国之后，向植物学家朋友描述了这种液体的性状，于是在1735年这种液体引起了欧洲人士的广泛关注。英国化学家约瑟夫·普利斯特里发现了这种液体的新用处：通过摩擦，它能够消除纸上的铅笔印迹。于是，约

在它们的价值被欧洲人确认后不久，橡胶树就被种植在商业种植园中了，直到现在人们仍采取手工方式割取乳胶。

瑟夫将其称为橡皮。

在此之后，橡胶在欧洲和北美洲的使用量开始增长。1839年橡胶硫化工艺发明之后，天然橡胶变得更加坚韧，使用寿命更为长久，橡胶的需求量呈现出爆发式增长。硫化橡胶也很快成为了工业中的常用材料。

世界各地的公司都想抓住机会获取乳胶，这种需求量的快速增长迫使人们去寻找南美洲之外的其他合适来源地。英国的发展高度依赖橡胶，因而英国人格外重视此事，并且英国人意识到如果他们能够自己生产橡胶，那么就是一件更为经济的事情。于是，1872年大量橡胶种子从南美洲运送到了英国，然后又从英国运送到了南亚和东南亚地区的英国殖民地。到了1910年，亚洲已建立起了百万英亩的巴西橡胶种植园，这种规模几乎超越了整个南美洲的橡胶种植面积。

在第二次世界大战期间，橡胶就变得更为宝贵了，公众对于橡胶的需求只能限量配给。需求量大，加上日本人对于亚洲橡胶种植园的控制，加速了合成橡胶的发展，然而天然橡胶仍然是非常重要的材料，因为它所具有的重要特质无法用合成橡胶全部替代。事实上，对于天然橡胶的需求很可能永远都不会消失。

橡胶年代表

1493年，克里斯多弗·哥伦布在美洲当地看见了一个用树胶制作的球。

1839年，发明家查尔斯·古德伊尔发明了硫化橡胶的方法。

1888年，发明家约翰·博伊德·邓禄普发明了可充气的自行车橡胶轮胎。

1910年，伴随着亚洲大面积橡胶种植园的兴起，巴西橡胶价格出现了暴跌。

1931年，氯丁橡胶、合成橡胶被首次发明出来。

1945年第二次世界大战之后，亚洲橡胶重返国际市场。

1960年，合成橡胶的使用量超越了天然橡胶。

印度内外

为了能在印度进行长久的稳定统治，英国人将工作重心转移到学术领域和南亚次大陆的自然及文化领域。 这些领域涵盖宗教、民俗、语言、文学以及植物学。 许多资料都由当地的管理者、军官和传教士来收集，有资质的学术机构也参与了一些资料收集工作，所收集资料的一个用处就是用来安排探险计划。

植物学家们设立了综合标本室用于后续研究，也采集一些活体植物提供给加尔各答、孟买、马德拉斯和班加罗尔等地的植物园，同时也常常向英国出口植物。 以商业开发为目的的植物采集和研究工作也在不断进行中，一些植物（例如源自中国的茶树）会从其他热带地区买入，然后在印度本土进行种植实验，以测试当地的种植环境是否适宜（结果证明确实适宜）。

例如，加尔各答的皇家植物园是由英国东印度公司的一名军官在1787年建立起来的，最初的目的是进行潜在的经济作物实验，以及种植一些可用于贸易的调味料植物。 而当植物学家威廉·罗克斯堡于1793年掌管皇家植物园后，植物园的使命就变得更为学术化了：从印度的不同地区买入当地的代表性植物标本，并且创建了植物标本馆来存放这些标本。 在下一任领导掌管的时候，加尔各答植物园已经成为了一个世界级的经济作物和观赏植物会聚中心，它主要为国际上的私人植物园和公共植物园提供服务。 这个植物园的植物标本馆最终成为了印度植物标本收集中心，现今已收集了超过250万份植物标本。

并非所有的印度植物园都是由英国人建造的。 班加罗尔华丽的拉尔巴格植物园（红花园）是由当地的统治者海德尔·阿里发起建造的，这座植物园始建于1760年，由海德尔·阿里的儿子蒂普·苏丹最终建造完成。 随着时代的发展，这个富有统治色彩的植物园也在不断更新，如今它已建成了一个参照伦敦水晶宫式样的大温室。

1847年，约瑟夫·道尔顿·胡克接受了英国皇家植物园的委派，到印度采集植物样本。 这个时候，胡克已经是英国皇家植物园的负责人了。 胡克是植物学家、邱园前负责人威廉·杰克逊·胡克的儿子，年轻的胡克在穿越喜马拉雅山脉之前就已有着非凡的履历。 1839年，在格拉斯哥获得医学学位之后，他受

SALICARIÆ LAGERSTRŒMIÆ

LAGERSTRŒMIA INDICA.(LINN.)

欧洲植物学家对于印度的着迷之处不仅在于紫薇（上图）这样的新物种，而且还在于那些广受喜爱的已知物种的新品种，例如这种园林花卉的新品种铁线莲（对页图）。

詹姆斯·克拉克·罗斯邀请去南极洲探险旅行。 詹姆斯是胡克父亲的朋友，也是本次旅行的负责人。从南极洲探险回来之后，胡克很快就开始考虑他的下一次探险计划，这一次他想去与南极洲气候截然相反的热带地区。

1848年到达加尔各答后，胡克就起身赶往大吉岭。 在途中，他在比哈尔的巴特那稍作停留，观察鸦片的生产过程。 接待他的人送给了他一些鸦片样品，并且把鸦片的生产图纸也送给了他。 胡克打算把这些东西都送给他父亲掌管的经济类植物博物馆。 在大吉岭山区的检查站，胡克不得不停留一段时间，等待当地统治者签发的锡金旅行许可。 后来通过当地英国机构的施压，胡克终于获得了通行许可。

跟随胡克一起旅行的还有一个人数众多的随行团队，他们负责处理各种闲杂事务，这样胡克就能专注于他的使命。 胡克着迷于山间森林中的植物，比如银色的杜鹃花（巨魁杜鹃，*Rhododendron grande*）和附生植物达尔豪斯杜鹃（*R. dalhousiae*）。达尔豪斯杜鹃通过根系附生于寄主树木上，这种植物的花芳香而洁白。 胡克也造访了尼泊尔和阿萨姆。 1849—1851年，沃尔特·菲奇将此次探险活动绘制成精美的素描图收入胡克的《锡金-喜马拉雅地区的杜鹃花》一书中。

现在被人们称为非洲紫罗兰的盆栽植物最早是一种野生花卉，由沃尔特·冯·圣保罗-依莱瑞男爵于1892年在坦桑尼亚北部发现。当时正处于德国占领东非期间，这位男爵刚好驻扎在那里。该属的名称 *Saintpaulia* 也是为了纪念它的发现者。

达尔文与格雷

1859年达尔文出版了《物种起源》，这部震惊世界的著作以自然选择为基础解释了达尔文的进化理论。 19世纪，达尔文并不是唯一一个在物种起源方面有深入研究的博物学家，阿尔弗雷德·拉塞尔·华莱士对物种起源理论也有着相似的见解，然而只有达尔文的巨著《物种起源》引起了全世界的关注。 可以想象，达尔文的理论成为了科学界和宗教界争论的焦点。 哈佛大学植物学家阿萨·格雷是达尔文的好友，也是达尔文理论的忠实支持者。

阿萨·格雷的植物学生涯开始于1831年，他以一种毫无私心的方式亲身经历了植物学发展史上一些最为重要的事件。 阿萨·格雷在纽约州的费尔菲尔德受训成为一名医生，然而在植物学的强烈吸引下，他跟随约翰·托里学习植物学，开始在美国范围内广泛采集标本研

"我不是植物学家，而我又询问这么多植物学方面的问题，这可能会让你感觉很奇怪。我收集植物变异类型已有几年时间了，每当发现一些适用于动物领域的观点和论述时，我也会将这些观点和论述在植物领域进行测试。"

——查尔斯·达尔文，写给阿萨·格雷的信，1855年4月25日

究植物。 26岁时，格雷已经出版了一本著作《植物学要素》，并成为了纽约博物学会的图书管理员。

尽管收到了威尔克斯南太平洋探险活动的邀请，格雷最后还是选择了在新成立的密歇根大学从事教学工作。 通过购买各种植物学书籍、参观学习欧洲的植物标本馆，格雷帮助密歇根

凤仙花最初引入到欧洲和美国的时间是在19世纪90年代。在欧美的夏季花园中，凤仙花长势良好，这里的环境潮湿而阴暗，与其原产地热带雨林的地面环境条件一致。

1 b

1 c

2 d.

2 c

2 b

1 d

1 a, b, c, d.
Pomme de terre.
Solanum tuberosum L.

1 a

2 a, b, c, d. Stramoine.
Datura stramonium L.

2 a

马铃薯

Solanum spp.

尽管马铃薯是19世纪40年代爱尔兰大饥荒的核心事物，但是关于马铃薯的历史渊源可以追溯到更早时期的南美洲，这种块茎植物在自然环境中已生存数千年的时间。多种资料显示，早在公元前5000年人类就已经开始培育这种富含淀粉的植物。马铃薯是一种天然耐寒植物，可以在贫瘠的土壤中生长，仅需要少量光照，剧烈的温度变化对于马铃薯生长的影响很小。人工培育马铃薯的回报非常显著：除了钙及维生素A、D以外，它还含有人类所需的多种营养成分。在马铃薯食谱基础上增加牛奶类乳制品，人类所需的营养元素就可以补充齐全。马铃薯是生活在安第斯山脉的人们的主要食物，那里的海拔高度和环境条件对于畜牧业和其他农业生产极为不利。

早在16世纪30年代中期，西班牙殖民者对马铃薯这种植物就已经很熟悉了，但是他们并没有立即把马铃薯引入欧洲。事实上，马铃薯在欧洲遭遇了冷遇。首先，《圣经》中没有提及这种植物；其次，马铃薯属于茄属植物，而茄属植物通常是有毒的；再次，马铃薯的块茎能萌发出许多奇怪的芽，它们看起来像人的眼睛，会让

最初欧洲人认为马铃薯不能食用，部分原因是马铃薯跟曼陀罗（对页图，右下方）等可致死的茄属植物有植物学上的亲缘关系。

人产生邪恶的感觉。有些人甚至指责马铃薯会导致麻风病以及行为异常。基于以上这些因素，欧洲人最初引入马铃薯并不是为了吃，而是出于对这种植物的好奇。不过当马铃薯进入爱尔兰之后，情况立即发生了改变。

饥寒交迫的状况使得爱尔兰人面对马铃薯的各种恐怖传说时变得无所畏惧，马铃薯很快就成为了爱尔兰人日常生活中的主要食物。与大多数谷物不同的是，马铃薯在爱尔兰寒冷潮湿的环境下也能茁壮生长。一小块土地出产的马铃薯足以满足一个家庭及其所饲养的牲畜对于食物的需求。

19世纪40年代，爱尔兰人的饮食几乎完全依赖于"隆坡"这个品种的马铃薯。1845年，一种能使马铃薯腐烂、由真菌导致的晚疫病从美洲意外传入爱尔兰。地里生长的和已经收获的马铃薯都感染了腐烂的黑斑，无法食用。5年时间里，爱尔兰人口数量从840万锐减到660万，超过100万人死于饥饿和疾病，另外还有几乎相同数量的人逃难到了英国和美洲。

如今仅一个品种的马铃薯*Solanum tuberosum*的种植量就已经达到世界第四大粮食栽培作物的水平，其产量仅次于玉米、小麦和水稻。

马铃薯年代表						
公元前5000年，南美洲居民开始培育马铃薯。	1537年左右，马铃薯为西班牙殖民者所了解。	1570年，马铃薯由西班牙人引入欧洲。	1597年，约翰·杰拉德的《草本志》中出现了对马铃薯的最初描绘。	1840年，马铃薯成为了半数爱尔兰人的主要食物来源。	1845年，爱尔兰爆发了马铃薯晚疫病，疫情使第二年的收成都受到了影响。	1995年，通过工程手段构建了含有Bt毒素的马铃薯，这种Bt毒素能够抑制马铃薯甲虫的危害。

大学建立起了植物学图书馆。 格雷于1842年进入哈佛大学并一直工作到退休。 在哈佛大学期间，格雷几乎在零基础的状况下建立起了植物学系，并创建了一个令人羡慕的植物标本馆，即如今以格雷名字命名的植物标本馆。 格雷出版了很多读物，最著名的是1848年出版的《横跨新英格兰至威斯康星，南至俄亥俄及宾夕法尼亚的北美植物手册》，这本著作现在称为《格雷手册》，至今仍广为使用。

格雷用他的专业技能帮助所有需要帮助的人。 在史密森学会成立以前，格雷照料着威尔克斯探险采集回来的标本，并对其进行分类。 在发觉自身和美国植物学界的局限性之后，他便出发前往英国拜访植物学界权威人士，探究事实真相。 在看完海军准将佩里从日本带回来的一些样本之后，他注意到东亚与美国东部的植物区系具有明显的一致性，这归因于几百万年前的第三纪时期北半球温带森林的广泛分布。

格雷乐善好施，善于与人合作，因此结交到很多朋友，其中就包括查尔斯·达尔文。 格雷是在一次欧洲旅行中与达尔文在邱园相识的。 当时达尔文仍然在提炼他的理论，他向格雷询问了很多美国花卉信息。 从此之后，两人开始了长达一生的交往。《物种起源》在英国出版后，在格雷的帮助和安排下，美国进行了该书第1版的出版发行工作。 格雷同时也是达尔文理论的支持者，他撰写了许多文章来调节基督教新教教义与进化论的矛盾。 1876年，他把这些文章整理成书，即《达尔文主义》。 格雷做了很多工作，试图改变人们的宗教信仰，尽管有些时候无济于事，但达尔文仍然非常感激格雷所做的工作。 格雷一直从事着美国和欧洲植物学界的沟通交流工作，直到1888年去世为止。

温室内的植物

第一批热带植物到达温带地区之后，需要人工模拟创造出一个类似于热带植物自然生长的环境。 人们想出了几种方法来解决这些问题，这些方法的共同点就是建造一种建筑，不仅为引入的热带植物提供庇护，也能为它们提供光和热。 其实，这种理念至少可以追溯至罗马帝国时期。 博物学家老普林尼告诉我们，罗马帝国的皇帝提比略非常喜欢吃一种与黄瓜亲缘关系很近的植物（可能是一种菜瓜，*Cucumis melo*），并且不管什么

"有些攀援植物展现出的适应性和兰花为了确保杂交而出现的适应性一样美妙。"

——查尔斯·达尔文，《达尔文自传》，1887年

Cobea scandens

受植物学家阿萨·格雷研究黄瓜藤的启发，1865年查尔斯·达尔文撰写了《攀援植物的运动和习性》，书中提到了电灯花（*Cobaea scandens*）。这种植物的卷须旋转生长的速度很快，"比我观察到的其他种类的攀援植物生长得更快，生命力更为顽强"。

季节他每天都要吃。针对这种情况，园丁们想出一种解决方案，他们造了一辆车，将这些蔬菜放在车上，白天将车推出户外让蔬菜接受阳光照射，夜晚将车推回到镜箱中。这种镜箱是用透明云母制成的具有光滑表面的箱体。

　　伴随着外来植物的增多，繁殖这些植物所需的环境条件控制就变得尤为重要。13世纪，意大利人已开始建造早期的温室，他们将这种温室称为贾尔迪尼植物园或植物花园。此后不久，荷兰和英国的园艺人士也开始建造类似的温室和具备加热设施的暖房。1680年，切尔西药用植物园建成了一个温室，一年以后又建造了一个具有加热设施的温室，这个温室可能是英国第一个具有加热设备的温室。 在此之后，私人花园和大学也开始陆续建造温室。 其中一些温室非常专门化，比如橘园，从名字中就能看出来是专门用来保护娇嫩的柑橘属树木的园子。 此外还有菠萝园，专门给民众提供源源不断的菠萝。

19世纪，建筑工程领域出现了许多重大的技术革新，这样就可以建造出面积更大、效率更高的温室。 铁的使用也大大提升了建筑规模。 温室建筑规模增大的另一个重要因素是生产出了大面积的平板玻璃，如此一来，温室中玻璃所占的面积大为增加。

19世纪中期，人们对前期的发明创造进行了整合，设计和建造出结构更大、光线更为明亮的暖房和温室。 人们越来越喜爱棕榈树这种巨型热带植物，于是这些暖房和温室的出现满足了巨大的市场需求。 人们对进口的王莲也越发痴迷，尤其是体型最大的南美睡莲（亚马孙王莲，*Victoria amazonica*）。 亚马孙王莲的叶面直径可达到夸张的1.8米，它的生长需要充足的阳光和广阔的空间，这些新兴的暖房和温室能满足它的生长需求。

帕克斯顿的宝贵遗产

设在奇西克庄园的皇家园艺学会有一位来自贝德福德郡的年轻人， 1826年这位年轻人遇到了一位愿意资助其研究工作并在不久之后成为其雇主的资助者。 在这位资助者的帮助下，这位年轻人对英国的温室设计进行了彻底改进，他的人生轨迹也因此发生了改变。 影响更为深远的是，世界也因为这个年轻人

图中所示的是一种漂浮于水面之上、叶面直径达1.8米的巨型亚马孙王莲，它于1800年引入英国，但经历了数十年时间这个物种才得以存活下来。德文郡公爵花园的园艺主管约瑟夫·帕克斯顿为其所管理的温室设计了水循环系统和加热系统。巨型亚马孙王莲在英国首次开花的时间是1849年11月9日。

帕克斯顿一直都痴迷于睡莲，他设计了许多适合繁育睡莲的温室，其中就有最为杰出的水晶宫。水晶宫是一座巨大的玻璃式建筑，它也是1851年伦敦世博会的中心。水晶宫的空间大得足以容纳下榆树，宫内还有许多栽满睡莲的巨型水池。睡莲芬芳的花朵只在夜间绽放。

发生了改变。 23岁的约瑟夫·帕克斯顿接受了德文郡公爵的邀请，担任其宫殿式庄园——查特斯沃思庄园的园艺主管。 该庄园位于峰区，该区拥有一些那个时代最好的花园。

年轻的帕克斯顿在查特斯沃思庄园创造出了很多奇迹，他以独特的方式改变了庄园的外貌，创作出许多激动人心的植物表现方式。 他为松柏类植物单独设置了一个特殊园区，称之为松树园。 松树园仅是这个占地面积达16公顷的植物园中的部分区域，整个植物园中栽种的物种数量超过了1600种。 帕克斯顿同时也证明了自己的另一项特长：搬迁巨型树木——长距离搬迁重量达到8吨的巨型树木。

不像18世纪著名园林设计师布朗所设计的园林中含有很多自然元素，帕克斯顿重新引入了规则庭院布局特征，比如花坛和喷泉。 在接下来的10年里，帕克斯顿潜心整治庄园里的荒废温室，这座改建的温室是他毕生所建的最大温室，长度超过82米，宽度达到36米，高度达到18米。 德西默斯·伯顿也参与到这座温室的建设中来，邱园宏伟的棕榈植物温室就出自他手。帕克斯顿建造的这座温室拥有巨大的内部空间，建筑材料包括钢铁、木材和玻璃，其中一些材料是用最新的制备方法生产出来的，运用的采光技术也能最大限度地利用清晨和傍晚的阳光。

帕克斯顿从邱园得到了一粒维多利亚王莲的种子，他非常珍惜这粒种子。 通过精心设计培养条件，他成功地培育出了维多利亚王莲，而其他人都未能如愿。 帕克斯顿建造了一个大大的水池，他将水池放置在能够采集到最适宜的阳光、以轻质大

"霎时间，所有的烦恼和苦难都被忘却；作为一名植物学家多么幸福！这么多巨型叶子，五六英尺宽……[还有]这么多娇艳盛开的花儿，每朵都有很多片花瓣，它们的颜色渐进变化，从纯白到玫瑰红，再到粉红……当划船穿梭于花丛中时，我总能发现新的惊喜。"

——罗伯特·尚伯克爵士，1837年1月在英属圭亚那地区的探险行动

Papaver somniferum L.

WMuller n.d.Nat.

罂粟

Papaver somniferum

罂粟极薄的红色花瓣容易让人联想到午后乡村的惬意时光，正如印象派画家克劳德·莫奈和玛丽·卡萨特油画中所描绘的那样。不过有一个品种的罂粟花尽管也十分美艳，却带来了战争、毒瘾以及长达几个世纪的灾难。

在法国南部、西班牙和非洲北部地区的考古工作中发现了距今超过4000年的罂粟果实，这也证明该种植物最早出现于地中海沿岸地区。古人很可能已发现这种植物的强大功效，尤其是在镇痛和促进睡眠方面。古希腊人对罂粟的特性了解得更为透彻（名医希波克拉底将罂粟当作药材来使用），由此促进了罂粟的贸易。

所有的罂粟都会发育出球形果实，生长于花谢之后的长梗上。在众多罂粟当中，只有一个品种含有鸦片成分（该词起源于希腊文"opos"，意为一种液体）。这种乳白色的汁液采集于未发育成熟的果实，然后可以加工成几种不同的麻醉剂。鸦片是一种天然的止痛药，有时可作为镇静剂使用，不过它具有高度的成瘾性。几百年来，正是因为成瘾性这种危害，鸦片及其衍生制品在治疗领域一直笼罩着层层阴云。在现代医学技术

鸦片来自于罂粟未发育成熟的果实，在20世纪早期，鸦片可以在药房买到。

研制出其他种类的镇痛剂之前，鸦片衍生制品（如鸦片酊）都作为常规药物使用。发生在英国诗人塞缪尔·泰勒·柯尔律治身上的案例有一定的代表性。柯尔律治服用了规定剂量的处方药鸦片酊，这些本来应该减轻病痛的药物却给他的身体带来了难以摆脱的毒瘾，这种药物所带来的痛苦比病症本身还要严重。

进入18世纪之后，英国人就把孟加拉的鸦片引入到了中国，把它作为为数不多的能和中国人进行贸易的商品之一。从1729年开始，中国皇帝试图禁止国民吸食鸦片，因为他意识到吸食鸦片会使国民变得懒惰，全社会的生产效率显著下降。然而，英国和葡萄牙的佣兵们仍然在销售鸦片。后来，鸦片战争爆发，英国、法国和中国都卷入其中。

很多人都在尝试生产能够治疗病痛但不会上瘾的鸦片衍生制品。他们分离出了吗啡、可待因和海洛因，但是哪一种都达不到预期效果。19世纪发明的将麻醉药品直接注入血液中的皮下注射针剂，使得情况变得更加糟糕。到1900年，有100万美国人遭受着吗啡药物成瘾的折磨，这些药物甚至在西尔斯百货商店的罗巴克商品目录中就能看到。

罂粟年代表

约65年，迪奥斯科里德斯记录了从罂粟果实中提取鸦片的方法。	1604年，莎士比亚作品《奥赛罗》中的人物埃古把罂粟汁称为一种"让人昏昏欲睡的糖浆"。	1804年，德国化学家弗里德里希·威廉·瑟托内尔分离出了吗啡。	1832年，法国化学家皮埃尔-让·罗宾凯特分离出了可待因。	1898年，德国制药公司拜耳医药在市场上推出了称为海洛因的药物。	1912年，首届《国际鸦片公约》提出了禁止使用鸦片的规定。	20世纪60年代，英国首次使用一种合成的海洛因美沙酮来治疗毒瘾患者。

亨利·肖（对页图）是一位发迹于美国边疆开发时期的英国人，他从邱园以及查特斯沃思庄园中的约瑟夫·帕克斯顿花园中获得灵感，在一块长满青草和野草莓的308公顷土地上建造出了密苏里植物园（右图）。

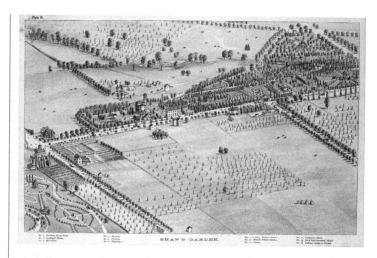

梁和玻璃板建成的特殊温室内。 他经常更换水池中的水，并且经常向水池中注入空气，这些方法都是成功繁育维多利亚王莲的秘诀。 维多利亚王莲的巨型叶片和承重能力令帕克斯顿非常着迷，帕克斯顿甚至让他的小女儿站在维多利亚王莲的叶子上以测试它的承重量。 他后来宣称，维多利亚王莲叶子下方的散热脉络给了他宝贵的设计思路，为世博会设计建造水晶宫提供了灵感。 不过这座建筑的设计思路更多地得益于他之前所设计的那两座新颖现代的温室。

水晶宫矗立于伦敦海德公园内，它的建造规模达到了惊人的程度，长540米，宽120米，高32米。 水晶宫的高度足以容纳下榆树，也足以容纳下二层楼高的喷泉。 这座宏伟的建筑把自然界的许多生灵吸引了进来，如经常活跃在仓库和商店橡木上的大批麻雀。 水晶宫内的众多麻雀让维多利亚女王感觉有些不合时宜，在询问威灵顿公爵如何解决时，公爵回答道："夫人，用雀鹰来解决。"

1854年世博会结束之后，水晶宫搬迁到了伦敦南部，而1936年的大火却将水晶宫毁之一炬。 水晶宫是英国建筑史上钢筋玻璃复合建筑的杰出代表，在温室结构设计方面影响深远。

肖从不酗酒，但是十分热衷于收藏美酒。1884年，肖完成了《葡萄酒与文明》这部著作。

充满植物元素的圣路易斯

1851年的世博会吸引到了一位正在欧洲朝圣环游的美国密苏里州的富商——亨利·肖。 数百年来，欧洲朝圣环游都是英

国和北欧上层社会男性的传统习俗。 亨利·肖出生于英国，他把钢铁卖给密西西比河流域前法属村庄圣路易斯的当地居民及过路者，通过这个途径跻身美国上流社会。 在恰当的时间和恰当的地点，亨利·肖迅速积累了大量财富，40多岁时他已可以轻松退休了。 出于对植物的痴迷，亨利·肖来到了英国的风景名胜区，他在查特斯沃思庄园参观了约瑟夫·帕克斯顿设计的展示花园，参观了位于邱园的英国皇家植物园，当然也绝对不会错过壮观的伦敦水晶宫。

　　肖返回圣路易斯时已有了很多想法，为了能够设计出一座公共的、类似在英国尤其是在查特斯沃思庄园中见到的华丽花园和温室，肖在位于城镇郊外的别墅附近种植了数千株乔木和灌木。 他征求了众多植物学家的意见，包括当时植物学界的领

右图所示为比利时布鲁塞尔的维夏菲尔特苗圃，19世纪时这个苗圃专门给北欧地区不断增多的园艺爱好者提供外来植物。山茶花是维夏菲尔特苗圃最擅长培育的植物之一。

军人物、哈佛大学的阿萨·格雷和邱园的威廉·杰克逊·胡克。出生于德国的医生兼植物学家乔治·恩格尔曼也给肖提出了宝贵意见，并且为花园的建设提供了后勤保障。

肖采纳了胡克关于植物园建设的指导方针，胡克建议肖在植物园中设立一个具有显著教育功能的植物博物馆，恩格尔曼帮助肖获取植物园建设所需的植物标本以及植物博物馆所需的研究标本。恩格尔曼还花费大量时间在美国西南部和墨西哥地区采集植物，并以他的名字命名了一些新发现的植物物种，比如恩格尔曼氏云杉（*Picea engelmannii*）。

密苏里植物园于1859年向公众开放，其典型特点是一座巨大的温室被众多中小型温室环绕着。肖雇用了曾经在英国接受过培训的詹姆斯·格尼作为植物园总管，负责监管植物园的日常工作。为了顺应那个时代的国际潮流，密苏里植物园引种了不少睡莲品种——格尼宠物项目，包括最受欢迎、体型巨大的维多利亚王莲。该项目的灵感来源于帕克斯顿的水晶宫结构。在此后的岁月里，肖把财产和精力持续投入到植物园的建设当中，终年89岁。临终之前，肖希望他的陵墓能够装饰有他毕生最喜爱的睡莲。去世之后，他被安葬在花园中的第二座维多利亚式陵墓中。第一座的材质是石灰岩，过于脆弱，最终没有选用。肖的雕像平静而安详，显示出他对自己的一生以及所做出的贡献非常满意，尤其是他所建设的这座向公众开放的、美国历史上最为悠久的植物园。

定义一个时代

维多利亚女王的统治时期是从1837年到1901年，她是英国历史上在位时间最长的君主。 在她长达60多年的统治时期，世界上发生了一系列重大变化。 女王的统治不仅影响到不列颠和大英帝国，欧洲大陆和北美洲也广受她的影响。 维多利亚女王平易近人，行为端庄。 自1861年她的丈夫阿尔伯特亲王去世之后，她用了近乎半生的时间哀悼他，在社会文化方面产生了巨大的影响力。 维多利亚女王爱憎分明，这种态度最典型的代表词语有 "我们不以此为乐"。 不过植物明显是维多利亚女王所喜爱的事物。 在位早期，维多利亚女王就帮助英国建立起了美丽的邱园。 无论女王是否真的喜爱植物，她的名字注定要和一些著名的植物联系起来，比如巨型睡莲（维多利亚王莲，*Victoria amazonica*）以及一种艳丽的兰花（维多利亚帝王石斛兰，*Dendrobium victoriae-reginae*）。

在室内装饰方面，维多利亚女王偏爱质地厚重的深色系家具和家纺制品以及装饰有精美图案的墙面，不过植物仍是女王最看重的装饰环节。 富有的维多利亚女王在家中向阳的位置建造了自己的温室。 即使是在家中光线最弱的地方，维多利亚女王也养了许多植物。 一位英国设计师不禁感慨道： "我见过许多会客室，但没有一个像女王的会客室这般模样，它根本不像是一个房间，反而像是一片丛林。" 维多利亚女王喜爱的植物中有蕨类植物和小型棕榈植物，可能因为这些植物适应光线较弱的环境容易养殖，所以养得也较多。 用 "喜爱" 来形容当时人们的心情其实是比较保守的。 维多利亚女王统治时期的作家查尔斯·金斯利在他的著作《格劳库斯》中，记述了当时席卷整个不列颠群岛的热潮——蕨类植物热潮：

您的女儿们可能已经迷上了蕨类植物，她们正在收集、购买用沃德箱保存的蕨类植物(这些需要您来付费)，她们在为这些品种的名称不停地争吵(这些名称在她们新买的每一本蕨类植物书籍中都不一样)，以至于您听到"蕨类"这个词都有些烦了。但您不能否认，她们很享受植物带给她们的乐趣，与看小说、听八卦新闻、做钩针线活相比，植物让她们更欢愉，更能忘我地投入。

在他们的花园中，维多利亚时代的女士和先生们努力重建一个野生世界。一切都在掌握之中，一切也都需要他们密切关注。

Fitch, del. et lith.

Vincent Brooks, Day & Son, Imp.

Cypripedium venustum.

兰花

Orchidaceae family

兰花以其优雅迷人的外形一直以来吸引着众人以及其他各种生物的仰慕。在热带和温带地区，它们拥有成千上万种变体，其多样性简直不可思议。兰花的花朵小至两三毫米，大到近40厘米；它们可以生活在土里、空气里或其他寄主植物上，花朵色彩缤纷，可与彩虹媲美。

出于传粉需要，很多兰花都同某类特定的昆虫一起协同进化。例如欧洲蜜蜂兰（*Ophrys apifera*），又被称为蜜蜂兰，它的花看上去很像黄蜂，下唇瓣不管是从形态上还是从颜色上看都类似昆虫的腹部，而且会释放出类似雌蜂腹部发出的气味。雄蜂发现兰花后就会在花上停靠，在这个过程中身上就会沾上花粉，于是不经意间就将花粉传给了另一朵花。

除此之外，秘鲁吊桶兰（*Coryanthes mastersiana*）也会利用散发的香味吸引蜜蜂。雄蜂落在花上以后就会滑入杯形的唇瓣（即"吊桶"）中，里面盛满了液体。它的翅膀被打湿，无法飞行，就只能沿着一个狭窄的通道爬出去，在挣扎的过程中花粉粒就会落到它

很少有进口植物能像兰花这么别具特色，比如这种来自印度的杓兰（对页图）。有些兰花的培育者会为它们建造专门的温室。

的背上。在出口处，蜜蜂会接触到黏性的柱头，这样花粉就很自然地转移到花的雌性器官上了。兰花和昆虫之间这种特别复杂的伙伴关系曾让达尔文十分感兴趣。

虽然兰花传粉发生的概率并不高，不过由于它们在热带森林和其他栖息地中占据着特殊的生态位，种群倒也十分兴旺。不少兰花长在热带雨林的高空之中，相对于土壤来说，它们更依赖空气。很少有生物以兰花为食，所以只要气候适宜，它们就可以一直活下去。兰花的风靡始于1730年，当时大批兰花从加勒比地区涌入英格兰。这些热带的标本被养在空气流动性很差的温室里，由于它们需要更高的湿度和更通畅的空气环境，所以大部分兰花都未能活下来，而这又进一步促进了人们对兰花的需求。

目前已知的兰花种类为25000种，兰花爱好者杂交出来的新品种是这个数目的两倍。不过兰花保护专家估计，每年灭绝的兰花种类亦为数百种甚至上千种。

兰花年代表						
公元前339年，中国诗人描述兰花具有沁人心脾的芬芳。	约1500年，南美洲的征服者知道了"香草"的用途，"香草"即来自一种兰花的果实。	1731年，一棵来自巴哈马的干燥的兰花开花了，它也是英国第一株热带兰花品种。	1856年，英国园艺师约翰·多米尼培育出第一株杂交兰花。	1862年，查尔斯·达尔文出版了一本关于兰花和昆虫的著作。	1904年，人们发现真菌对于兰花种子的萌发有重要作用。	1922年，真菌被证实可以将兰花种子中的淀粉转化成糖。

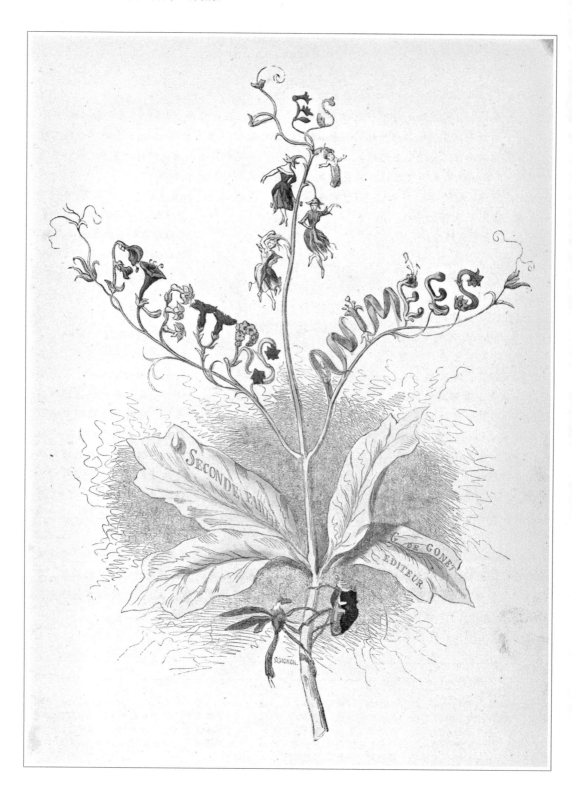

法国艺术家J. J.格朗维尔（让-伊尼亚斯-伊西多尔·热拉尔的笔名）最先发明了一种将人和动物特征结合在一起的卡通画社交评论形式。他后来开始进入植物领域，在1847年绘制了《多愁善感的花朵资料馆》（拟人化花朵）。很多人认为格朗维尔的作品启发了20世纪早期超现实主义作品的创作。

金斯利提到的沃德箱是由纳撒尼尔·巴格肖·沃德发明的。在维多利亚女王统治时期，植物爱好者们用沃德箱来保护珍贵的蕨类植物和其他名贵植物免受工业时代的污染。全世界的植物猎人们也使用沃德箱来运送植物。观赏性极高的沃德箱开始走进很多维多利亚时代的客厅，也推动了蕨类植物的传播。

伦敦切尔西药用植物园的园长托马斯·摩尔在1855年出版了一本名为《大不列颠和爱尔兰蕨类植物》的综合性著作，对于蕨类热潮的形成有重要的促进作用。摩尔的书采用了非常昂贵的自然印刷法印制，该过程有一个步骤需要将植物标本放置于铅板和铁板之间，这尤其适合蕨类植物。在压力的作用下，植物会在铅板之上留下印痕。铅板外镀有一层铜，目的是增加硬度。在铜镀层上直接刷上颜料，就可以进行印制了。自然印刷法的精度受到了植物学家们的赞赏，但是这种方法成本太高，难以普及。在摩尔就职于切尔西药用植物园期间，植物园里蕨类植物的品种增加了50%之多，这一点并不令人意外。

蕨类热潮使得一些特有种遭受重创，其中就包括不少生长在不列颠群岛西部和南部湿冷地区的蕨类。业余爱好者和专业人士的过度采挖带来了严重的问题，导致部分蕨类植物几近灭绝。许多采集者在攀爬峭壁、寻找珍稀品种的过程中丢掉了性命。

"千百年来，我们赋予人类无数吟咏比喻的主题，我们赋予他们所有的喻意。事实上，如果没有我们，诗歌就不可能存在。"

——藜芦代表所有的花对花仙子说了这段话，摘自《多愁善感的花朵资料馆》一书，1847年

> "在野生的蕨类植物中，欧洲蕨最为丰富……可以肯定，除了这种蕨类之外，其他任何英国蕨类都不具备如此美丽的外形。它宽阔的叶子以及高达两三米的身姿从萨里郡幽暗的林下灌丛中优雅地伸出，我们有目共睹。"
>
> ——托马斯·摩尔，《大不列颠和爱尔兰蕨类植物》，1855年

用花表达

维多利亚时期的礼仪规定，交流需有礼有节，特别注意性别差异，女性常常被比作鲜花。 在那个时代，用直截了当的言语来表达内心感受和情绪会被认为不够得体，因此一些人特别是求婚者和被追求的对象就采用了一套定义明确的花语体系来进行交流。

这种交流常常需要借助于一种名为tussie mussie的小花束或手捧花作为媒介。 花儿传递的信息（花语）可以从某些植物的内涵中衍生出来，比如红色玫瑰花代表炽热的爱，水仙花代表尊重，常春藤嫩枝代表忠诚。 不过也无需费心猜测小花束的含义，因为字典里已经罗列了成千上百种广泛使用的植物花语。当然，因为选错了植物而传递错误或让人费解的信息也是有可能出现的。

颓废派

植物在维多利亚时期的应用方式有时并不符合那个时代"沉静稳重""风度翩翩"的风格。 很多以植物为原料的药品现在都被认定为非法药品，比如在19世纪常用来治病和娱乐的印度大麻、吗啡以及可卡因。 维多利亚女王的私人医生就曾将可卡因作为缓解经期痉挛的药物使用，可卡因也被推荐用于治疗失眠、抑郁、偏头痛等疾病，以及在牙科手术中作为麻醉剂使用。

可卡因这种存在于灌木古柯（*Erythroxylum coca*）叶片之中的活性物质被推荐用作补药，广泛存在于止咳滴剂以及其他一些专利药品中。 古柯叶片同样也是1886年创始于乔治亚州的饮料可口可乐的原料之一。 除此之外，上至维多利亚女王及其同时代的教皇，下至大批普通民众，人们都非常喜爱一种名叫Vin Mariana的混合饮料。 这种饮料由波尔多葡萄酒和古柯叶混合而成，在葡萄酒内乙醇的作用下，古柯叶中的可卡因被释放了出来。 尽管在1902年可卡因从可口可乐中被去除，但这种饮料仍旧保留了古柯叶的风味成分。 这种特殊的不含可卡因的古柯叶由新泽西的一家拥有政府批文的实验室生产。

随着罂粟衍生物（例如吗啡和可待因）让人上瘾的副作用被

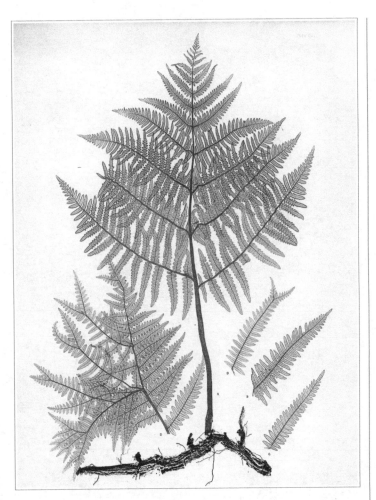

为了给《大不列颠和爱尔兰蕨类植物》绘制插图，亨利·布拉德伯里发明了自然印刷法，使用植物本身在铅板上形成印记，然后在大幅的对开纸上进行手工上色。这本书于1855年出版。

人们充分了解，它们在很多常规治疗中才被暂停使用。 这一行为比海洛因要晚。 海洛因是从罂粟中提取出的另一类强劲的鸦片类药物，这种物质被拜耳公司用于治疗咳嗽，还同另一种快速发展的药物阿司匹林一起进行推广。 当海洛因被发现可以在人体内快速代谢为吗啡后，拜耳公司弃用了它，尽管之前还大肆宣传它可以治疗吗啡上瘾。

　　随着世纪交替，维多利亚时代将很快终结，此后很难再有一个时代的君主能在如此不同的领域有这么大的影响，世界大战将很多维多利亚时期关注的事物都抛到了九霄云外。

> *"我是老雷斯，我为树代言。我为树代言，*
> *因为它们不会说话。"*
>
> ——西奥多·S.盖泽尔（休斯博士），《老雷斯》，1971年

科学

1900至今

在20世纪初期，植物学开始逐渐发展成为一门独立的学科，速度较之前更快。虽然对于探险家来说，仍有一些遥远的"堡垒"值得探索，比如偏远的中国内陆地区，但是其接近的方式已经与过去有所不同。植物学踏勘已经由过去的业余爱好者探索逐渐被专家和职业人士（常为具有专业知识和探索兴趣的科学家）所取代。20世纪，植物学常常同其他自然科学以及生物科学的前沿领域（如分子生物学、遗传学和生物化学等）相交叉。技术的进步意味着农业规模可以发展得更大，并从整体上改变人类对食用植物的认知，有些认知甚至发生了反转。近几十年来的研究显示，大自然中蕴藏的药物数量要比中世纪僧侣们所认识的多得多，不过鉴于热带地区的环境问题，很多药物可能在我们还未发现时就已经不存在了。

对页图：这件关于植物蓝刺头细节的手绘作品出自拥有3240幅图版的《丹麦乡土植物》，该书在1761年至1833年间发行，囊括了丹麦地区的各种原生植物。前页图：伊朗罂粟（又称大红罂粟，*Papaver bracteatum*），花瓣基部具有黑斑，是世界上最大的红花罂粟。

植物学的发展：1900至今

	知识与科学	权利与财富	健康与医药
非洲和中东地区	 《匈牙利真菌手册》，1900年	1904年，本杰明·金斯伯格开始在南非尝试非洲茶固化加工技术。	1942年，H.罗克斯和P.富尔芒出版了《阿尔及利亚药用植物和芳香植物名录》，详述了阿尔及利亚的200种可利用的植物。 1957年，人们发现从马达加斯加长春花中提取出来的生物碱类具有治疗儿童白血病的作用。
亚洲和大洋洲	1944年，植物活化石水杉被发现，这种生长在中国的树木存在于2000万年前的化石中，一度被人们认为已经灭绝。 1994年，植物活化石瓦勒迈杉在澳大利亚悉尼附近被发现，该种树木也曾被认为已灭绝。	1949年，关于紫菜生命周期的新信息推动了日本海苔产业的发展。 2007年，全球植物园大会在中国武汉召开。  《种子和植物指南》，1899年	1952年，利血平第一次从产于非洲和印度的萝芙木属植物中被提取出来，然后迅速用于治疗精神疾病和高血压。 20世纪90年代，一项重要的种植计划在泰国、马来西亚和菲律宾实施，并极大地提高了山竹的商业产量。
欧洲	1900年，格雷戈尔·孟德尔关于豌豆遗传的文章获得世界性关注，被皇家园艺学会再次印刷出版。 1915年，理查德·马丁·维尔施泰特由于在叶绿素和其他植物色素方面的卓越贡献而荣获诺贝尔奖。		1937年，阿尔伯特·冯森特-乔尔吉因为从红辣椒中提取到了维生素C而荣获诺贝尔奖。 1970年，一项研究发现，采用富含橄榄油的地中海式饮食会使心脏病的发病率降低。 1993年，世界药物园在切尔西药用植物园开园，这也是英国第一个民族植物学园地。
美洲	1922年，路易斯·克努森革新了兰花的繁殖方式。 1940年，美国植物园和树木园协会正式成立，2006年更名为美国公共园林协会。 1962年，蕾切尔·卡森的《寂静的春天》正式出版，环境问题引起了人们的关注。 1987年，开展了第一个关于DNA重组粮食作物的田间实验：转基因细菌被喷洒在草莓植株上，可将霜冻带来的伤害降到最低。	1921年，乔治·华盛顿向美国国会提议征收花生关税。 1934年，亨利·福特在芝加哥举办的世界博览会上赞助了一项"美国工业化谷仓"项目，大力推广大豆。 1958年，美国在科罗拉多州建立国家种子储藏实验室。 1973年，美国颁布的捕鲸禁令促进了植物好好芭的商业栽培。这种植物生于北美洲沙漠地区，可用于化妆品行业。 2007年，美国生产的玉米生物燃料对全球粮食价格产生了影响。	1940年，拉塞尔·马克发明了一种用山药类固醇生产孕酮的方法，进而生产出了避孕药。 1945年，波多黎各的商业种植园开始种植西印度樱桃，以获取其中丰富的维生素C。 1962年，蕾切尔·卡森的《寂静的春天》正式出版，该书为环境行动主义先驱，关注了杀虫剂对环境的影响。

食物与香料	衣物与住所	美与象征意义

"当你看到蚂蚁、小鸟和大树时，还有很多东西你尚未看到。"

—— 引自爱德华·O.威尔逊，《时代周刊》，1986年

1925年，加利福尼亚苗圃获得了非洲紫罗兰的种子。从此，广受欢迎的盆栽植物非洲紫罗兰开始了它被培育的历史。

1904年，猕猴桃被引入新西兰，到20世纪30年代，它已经成为了一种经济作物。

1947年，为了弄清楚南美甜土豆在南太平洋风靡的原因，索尔·海耶达尔乘筏子从秘鲁驶往波利尼西亚。

2001年，中国棉花的产量居世界首位。

2006年，世界大麻纤维的产量相对于2000年增长了1倍，其中接近半数由中国生产。

1911年，第一个木槿社在夏威夷建立。

1912年，华盛顿特区从日本东京收到作为礼物的樱花。

1924年，富兰克·金登-沃德从中国西藏采集到了蓝色罂粟的种子。

20世纪90年代，来自新几内亚的凤仙花品种开始出现在欧洲和亚洲市场。

1990年，西班牙和意大利的橄榄油产量居世界前列。

1998年，查尔斯王子在英国公开谴责对农产品进行基因修饰。

2007年，一块1.36千克的意大利白松露巧克力创纪录地拍卖出了33万英镑的价格。

1948年，乔治·德·梅斯特拉尔受到牛蒡种子可以牢牢地粘在衣服上的启发而发明了尼龙搭扣。

1901年，英国北安普敦郡奥尔索普庄园的首席园艺师赛拉斯·科尔培育出带波浪形花瓣的斯潘瑟夫人香豌豆花。

20世纪60年代，格雷汉姆·斯图尔特·托马斯在英国伯克郡的日光山谷苗圃重新使古老的月季品种焕发出了青春。

1904年，在圣路易斯世界博览会上，冰茶被发明了出来。

1904年，栗树枯萎病在布朗克斯（纽约的5个行政区之一）爆发，很可能是由于偶然因素从亚洲进入美国的。

1970年，由于对小麦的改良，诺尔曼·布劳克获得诺贝尔和平奖，小麦的科学改进也是绿色革命的关键部分。

1978年，和古代类蜀黍相似的活体玉米品种在墨西哥被发现。

1983年，美国第一次为转基因食用作物生产商授予专利所有权。

1945年，玫瑰品种"和平"被引入加利福尼亚，这同第二次世界大战的结束不谋而合。

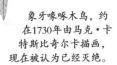

象牙喙啄木鸟，约在1730年由马克·卡特斯比奇尔卡描画，现在被认为已经灭绝。

尽管20世纪早期西方世界和中国的关系有所改善，但是植物猎人在那里的行动依然非常危险，尤其是在内陆腹地。中国西部内陆地区和边疆省份具有崎岖的地形和多变的天气，这使得收集植物的每次考察几乎都变成了夺宝奇兵式的探险。植物探险家们惊心动魄、死里逃生（甚至没能幸存）的经历和他们采集的植物标本一样多。

在中国的新一代更加专业的植物猎人主要有3位，他们从植物学最后的处女地带回了目前世界上最受欢迎的植物种类。他们是苏格兰人乔治·福里斯特、英格兰人欧内斯特·亨利·威尔逊和奥地利裔美国人约瑟夫·洛克。这3个人都曾冒着生命的危险，成就了那个世纪最重要的一些植物远征。

深入中国的核心地区

乔治·福里斯特是以初级化学工作者的身份进入植物学领域的，学习植物的医疗用途以及标本制作。后来，他在澳大利亚的淘金热中试了一下运气。1903年，他在年满30岁时返回苏格兰，开始在爱丁堡皇家植物园任秘书一职。他足智多谋，讨人

1912年华盛顿特区盛开的樱花，该花是由日本人民赠送给美国人民的，每年春天都会带来一抹绚烂的粉色。

喜欢，给人留下了良好印象。不久之后，他开始着手进行7次中国远征中的第一次远征，这次远征的目的地是位于中国西南部的云南省。在这次远征中，他和他的团队（由17名当地采集者组成）在云南西北部遭到了袭击，只有福里斯特一个人逃了出来。

不久之后，他重新出发，继续执着于植物采集事业。1906年回到英国的时候，他从遥远的东方带回了数目庞大的植物植株、种子、根、块茎以及干制标本。在经历了7次远征之后，乔治·福里斯特一共发现了1200多种新的植物种类，包括6种杜鹃花和50多种报春花。许多植物的拉丁学名都包含有他的名字，包括一种兰花、一种杜鹃花、一种冷杉和一种枫树（又称为条纹枫）。在1932年他的第七次远征途中，福里斯特由于心力衰竭在云南去世，这次远征也是他计划中的最后一次。

欧内斯特·亨利·威尔逊于1876年在英格兰的科茨沃尔德出

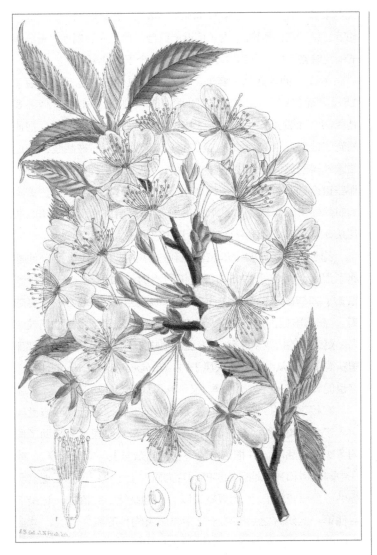

有些樱花（例如这里展示的大山樱）因为观花需求而被繁殖，而另一些则是由于它们的果实。在日本，樱花象征着生命的转瞬即逝。

生，后来在皇家植物园任职。 他拥有一些非常重要的植物学证书，其中既有实践型的也有学术型的。 不过他并没有在皇家植物园久留，而是被著名的维奇苗圃相中，被派遣到中国进行植物采集工作。 威尔逊具有良好的园艺鉴赏力，采集了落新妇属、铁线莲属、枸木属新物种以及一种和山茶属相关的开白花的灌木。他冒着极大的危险，在类似阿尔卑斯山生境的亚高山岩石区不断记录并采集杜鹃花属的植物。 1910年，他受哈佛大学阿诺德植物园派遣进入中国四川西部，专门收集松柏类植物的种子。 不过，威尔逊又萌生了其他想法，他开始按照个人喜好收集在中国

花生
Arachis hypogaea

花生又称为落花生，是唯一一种可作为世界性经济作物的荚果。只有大豆的蛋白质含量比它高一点儿。花生原产于南美洲，葡萄牙人把它们从巴西带到了非洲、远东地区和印度，现已在全球大部分地区种植。和鹰嘴豆（植物蛋白含量排名第三）不同，花生的果实生长在地下，可以免受地面上诸如蝗虫之类的害虫的危害。

花生的种子在地下成熟，可以逃过棉铃象鼻虫的危害。这种昆虫会刺穿生长中的心皮，将卵产在里面。当20世纪初象鼻虫肆虐威胁美国南部经济的时候，花生证明了这一点。

代表和谐和统一的王百合（*Lilium regale*），在之前的一次远征中他曾经见过这种植物。 为了接近王百合，他小心翼翼地沿着危险的岷江峡谷下探，最终收获了将近6000个王百合鳞茎球。

不过，他也遇到了麻烦，这次采集以他的右腿比左腿短了2.5厘米而告终。 在返回成都的路上，他被落石击中，腿部多处受伤。 他的同伴用相机三脚架做夹板固定住他的伤腿，把他抬到了成都。 威尔逊的这条伤腿差点因为感染而被截肢，一位法国外科医生设法保住了它。 后来，威尔逊启程返回波士顿。那些百合鳞茎球由于被仔细地包裹在黏土和木炭中，到达美国的时候依然保持着完整的外形。 1～2季之后，它们就用华丽的花朵令阿诺德植物园所有有机会见过它们的人激动不已。

约瑟夫·洛克的童年在奥地利过得非常不愉快，所以他逃离了那里，最终于1905年抵达纽约，时年20岁。 由于被诊断患上了肺结核，他又被送往另一个气候更宜人的地方——夏威夷。 在那里他很快成为了岛上的植物学家，时至今日他仍被认为是夏威夷的植物学之父。 专业的植物知识使他从美国农业部那里获得了一份从缅甸采集大风子树（*Hydnocarpus kurzii*）的任务，这也促成了第一次对汉森病（又称麻风病）的成功治疗。

在接下来的30年中，洛克都在中国度过，总计向西方世界引入了多达493种杜鹃花属植物。 美国国家地理学会赞助了他的多次探险活动，并把这些故事刊登到杂志上与大家分享。 他在中国西藏和其他地区拍摄的照片为研究上个世纪冰川后退情况提供了参照资料。 回到夏威夷以后，他继续研究植物，记录下自他第一次研究之后的数十年中夏威夷物种的流失情况，并在夏威夷大学教授东方学，直到1962年去世。

新与旧：植物中的科学

德裔奥地利神父格雷戈尔·孟德尔的工作成果对20世纪早期的植物学研究起了巨大的推动作用，他围绕豌豆进行的一系列艰苦卓绝的实验为遗传学奠定了基础。 尽管早在1866年他的著作就已发表，但直到1900年甚至之后一段时间都未受到科学界重视。 与此同时，亚拉巴马州塔斯克基学院的非裔美国植物学家开始对棉花的替代作物开展实验，用以提高美国南方地区

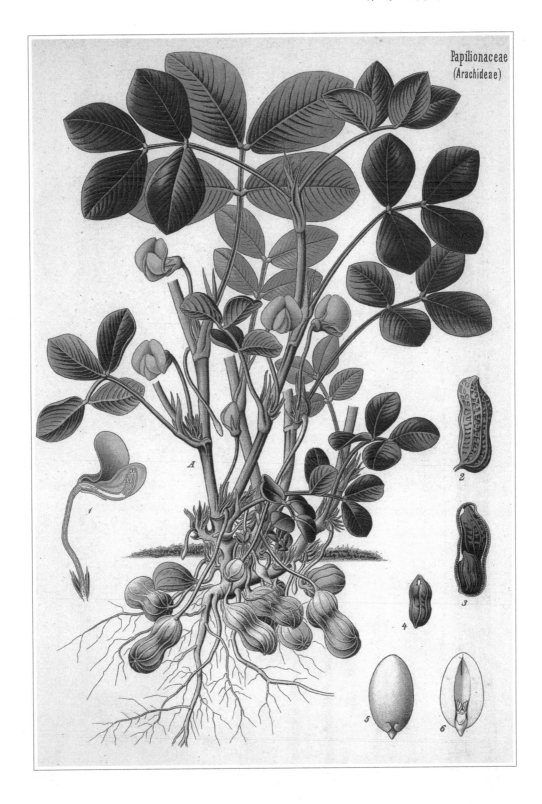

Papilionaceae
(Arachideae)

竹子

Subfamily Bambusoideae

由于具有多种环境友好的特点，竹子正逐渐声名鹊起。原生的木本竹类除了在极端寒冷的地区没有分布外，几乎存在于世界上的各个角落。这种类似大树的"草本"植物拥有成百上千个种类和变型。竹子的历史可以追溯至100万年前，现今已知的种类有1200种。

目前关于竹子利用的最早证据来自于7500年前的中国，实际的利用时间可能更早。竹子很早之前就被东亚人用作食物、药品、建筑材料以及制作水车、篮子、乐器、弓箭的必备材料。

公元前4世纪亚历山大大帝在写给亚里士多德的信中就提到了竹子。16世纪，竹子随着西班牙和葡萄牙的探险者来到欧洲。亚马孙竹子可能是最早到达欧洲的种类，它的一个大型多刺变型(瓜多竹属，Guadua)可以高达3米。关于新世界利用竹子的证据(包括用作建筑构架、乐器)发现于厄瓜多尔和秘鲁，具有5500多年的历史。随着美洲大陆探险大门的打开，博物学家笔下的大青篱竹丛林

竹子种类众多，包括开着红宝石色花的条纹刺竹（Bambusa striata，对页图）。竹子采收的历史远远超出日本记载的历史（上图）。

(Arundinaria gigantean) 开始在美国南部的森林和涝原蔓延开来。这些竹林为鸟类和各种大大小小的哺乳动物提供了食物和栖息场所，甚至野牛、熊、鹿和后来引入的欧洲黑野猪也在竹林里穿梭。

不过当移民者开始垦荒伐树时，这些竹林就不见了，一同消失的还有卡罗来纳长尾小鹦鹉、旅鸽、巴克曼莺以及竹林里的其他所有居民。大子青篱竹目前见于美国东南部至俄亥俄河一带，分布区域不如当初广大。

近些年来，竹子在建筑领域的用途引起了很多人的注意。比钢材更强的复合性使得竹子成为硬木的优秀替代品，特别是在地板材料方面。竹子在时尚界也占有一席之地，将它的茎粉碎后分离出的天然纤维，可以用来编织类似棉布一样的布料，而且相对于后者具有更多的优点。它比其他植物纤维更柔软，吸水性更强。

竹子这种古老的植物正在重新焕发生机，在环境保护运动蓬勃发展的今天，竹子已占有重要的地位，相信未来也是如此。

竹子年代表

公元前5500年，在中国中南部，一位女性安葬在竹席上。	公元前3000年，用竹子制作成的笔在约旦被使用，这种笔十分廉价。	公元前1000年，中国风筝成为第一种竹制工艺品，风筝的骨架由竹子制作，上面覆盖丝绸。	公元前770–前256年，中国出现《竹书纪年》一书。	约1259年，鞑靼人用竹子制作枪管。	1522年，明朝的木刻版画描绘了一艘带有竹制船帆的战舰。	1880年，托马斯·爱迪生的第一个电灯泡使用的是碳化的竹丝。

最受美国人喜爱的"圣诞红"于1825年第一次进入美国，由乔尔·波因塞特引入，他也是美国驻墨西哥首任大使。正是由于他的引入，这种植物现在也被命名为"波因塞特"（一品红，*Euphorbia pulcherrima*）

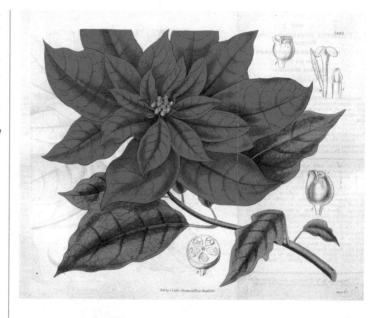

"世界上的很多原住民（例如亚马孙河流域的印第安人）通过继承前人的经验成为了精通周围植物特性的能手……这种经验的遗失以及原住民的消亡，将严重阻碍社会进步。"

——理查德·埃文斯·舒尔特斯，《民族植物学的重要性》，《美国经济和社会学杂志》，1994年

棉花单一种植的效率。 所以，贫穷的非裔美国农民才能成功地在贫瘠的土壤里种植作物。 乔治·华盛顿发现花生和红薯特别适合此类目的的种植，花费数十年时间推广作物轮作理念，并借助于这些平凡朴实的作物生产出了数以百计的产品。 在20世纪早期，维生素这种人类以前未知的营养素被逐步鉴定出来，这也开启了植物学研究的一个新领域，进而从植物体内提取和分离更多的营养元素。

20世纪50年代，DNA结构的发现为博物学和生物学（包括植物学）提供了新的阐述方式，促进了那些在分子层面上的研究，有些著名的博物馆甚至开始放弃自身在博物学收集方面的功能。 不过这种趋势在20世纪80年代得以扭转，时值栖息地和物种丧失问题逐渐显现，解决这些问题无法仅仅依靠分子手段。 关于自然取向最著名的倡导者之一为哈佛大学的生物学家爱德华·O.威尔逊，他为这种如果大量生物再得不到关注就将处在险境的状况起了一个名字：生物多样性。

威尔逊的《缤纷的生命》（1992年）一书明确拉响了警报：面对人口压力和栖息地的破坏，必须保护全球的动植物种群。很多博物馆响应了这一号召，其中包括植物园及其保育研究和教育机构。 建立永久的战略保护区域（如在热带地区）常常包含在保育的举措之中。

例如密苏里植物园的运营区域分布在30多个国家，大量基地位于马达加斯加和拉丁美洲。 这些基地吸引了当地感兴趣的人士来到这些植物保育场所，并为他们提供在其他地方无法获得的培训机会，进而打造出一个更强有力的保育工作支援团队。不过，分子水平的研究依旧在植物保育方面占有一席之地。 哪怕那些看上去死气沉沉、失去DNA活性的标本（类似于《侏罗纪公园》描述的那种）也有助于阐明进化关系和生态适应性等问题，对于区分两种看上去相似的物种也能提供帮助。

人类植物学的诞生

在哈佛大量的植物藏品中，陈列着一些干枯的钟形花褶伞菌（*Panaeolus campanulatus*）标本，这种菌类是由一个年轻的研究生在1938年采集的。 他当时希望弄清楚墨西哥南部马萨特克印第安人宗教仪式上所用的致幻蘑菇的使用情况。 理查德·埃文斯·舒尔特斯将阿兹台克人现在利用的菌类和被称为"*teonanácatl*"（诸神肉体）的东西联系在了一起。 尽管舒尔特斯从来没有用过钟形花褶伞菌这个术语，但这种菌类及其亲属已经成为神奇菌类的代名词，这还要感谢1957年《生活杂志》上一篇文章的宣传。 这篇文章由一位投资银行家撰写，他读到了舒尔特斯的一篇学术文章，并且据此开启了他在墨西哥的植物寻宝朝圣之旅。

会结出红色果实的蔓虎刺，原产于美洲，因为被印第安人女性用作怀孕和分娩期间的药物，又被称为女人藤。

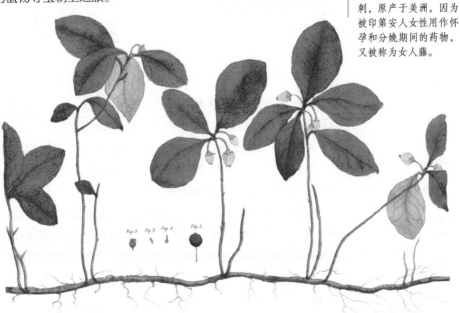

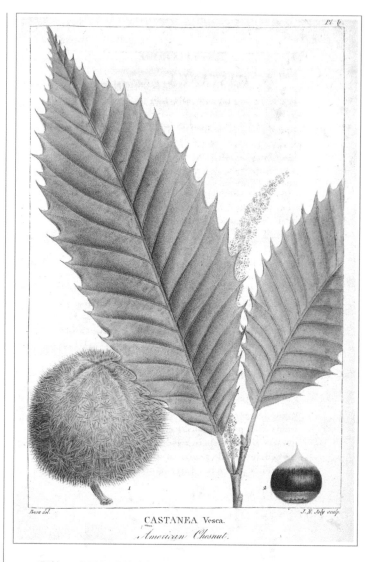

CASTANEA Vesca.
American Chesnut.

"一种怪病正在袭击栗树，除非全国上下一起行动，并与农业部门通力协作，否则几年之内栗树就会在这个国家灭绝。"

——《纽约时代周刊》，1911年4月16日

直到20世纪，美洲栗树（Castanea dentata）还占据着从缅因州到密西西比州的森林地区。不过这些大树很快就在栗疫病的袭击中倒下，这种病菌来自于进口的亚洲栗树，后者对该种病菌免疫。

很快，大量好奇的人便涌入墨西哥去寻找这种可以让人精神迷乱的植物。舒尔特斯本人也于1976年在"黄金指南系列"上出版了一期有关致幻植物的专刊。这一开始便颇具争议，这种类型的宣传品给人留下了民族植物学等同于神经致幻植物的假象。事实上，神经致幻植物只是民族植物学的一个侧面，并不是它的全部。

舒尔特斯做了很多工作，以促进人们更好地理解致幻植物的传统医疗用途对于现代医学的发展所具有的重要启发作用。比如箭毒马鞍子这种在亚马孙河流域被用于给箭头上毒的植物，现在也在外科手术中作为肌肉松弛剂使用。

从学生到教授，舒尔特斯在哈佛大学度过了自己的全部学术生涯。 他的学生、美国国家地理学会常驻探险家和民族植物学家韦德·戴维斯描述他为"维多利亚时代最后一位伟大的植物探险家"，这既因为他的装束，也因为他的全心投入和不懈奋斗。舒尔特斯在野外会务实地戴上遮阳帽，不过在哈佛大学，他就成为了那个戴着深红色领带、穿着白大褂甚至有点儿让人讨厌的科学家。 他的实验室里储藏了一些他在旅行中收集的古老工艺品，不用花费太多的口舌就可以说服他展示所收藏的亚马孙风管。 不过，他同时也是一位在1992年获得植物学最高荣誉——伦敦林奈学会金质奖章的著名科学家。 为了表彰他在哥伦比亚的贡献，哥伦比亚政府将8900平方千米的热带雨林认定为舒尔特斯扇形保护区，这也是一份同"深谋远虑的植物学家和保护先锋"相匹配的荣誉。

植物艺术：一种蒸蒸日上的艺术形式

在摄影术发明180年后，植物艺术家的工作仍然很有意义，尽管他们现在在博物馆中工作的时间比在野外长。通过控制光线、角度、方向、色彩、局部细节以及其他因素，艺术家可以将植物以某种特别的方式展现出来，使得它比照片更具有科学价值。 在旁观者看来，植物艺术和摄影艺术拥有各自的美学特质，即使同现在日趋精湛的摄影图片处理技术相比，它依然具有自己的特色。 植物艺术家们继续在植物学领域钻研，用艺术的形式描绘精彩的植物世界。 在玛丽亚·希彼拉·马利安和伊丽莎白·布莱克威尔生活的18世纪，在植物艺术领域女性所占比例很高，超出其他行业。 例如，澳大利亚画家玛格丽特·斯托内斯现在已80多岁高龄，她为《柯蒂斯植物学杂志》以及类似塔斯马尼亚州和路易斯安那州等多地的植物学专著创作了超过400幅水彩画。

现代的植物艺术家也会重新揣摩前人的作品（例如植物志和作品集），吸取前人在绘画和印刷技术方面的长处，让创作出的作品更加美观和实用。 博物馆和美术馆仍在继续展出植物艺术作品，鉴赏家也在不断收藏植物插画作品。 这些作品既有现代的也有古代的，通常价格不菲。

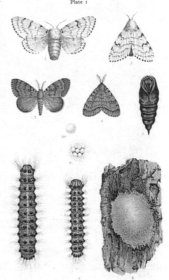

Plate 1

自19世纪60年代舞毒蛾被以不明原因引入北美后，它们就开始大肆咀嚼美国东部至中西部的阔叶林的树叶，严重时可将整株橡树或白杨的叶子吃光，并对其他植物的生存产生威胁。

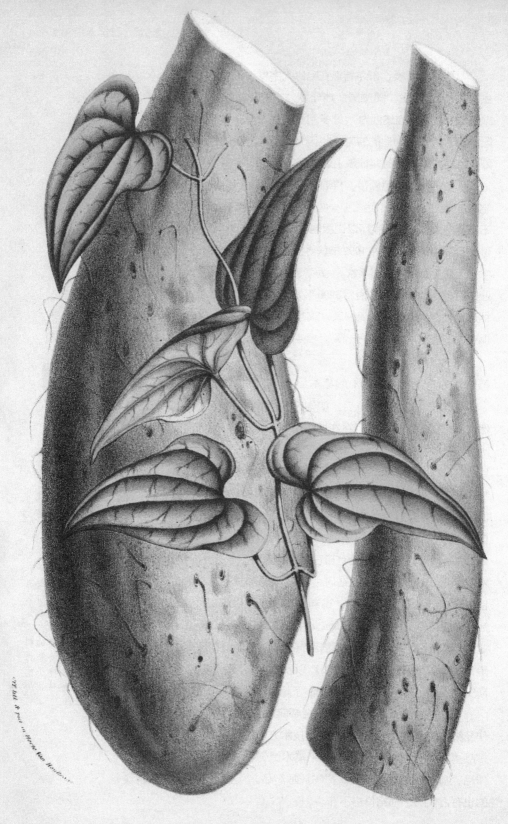

DIOSCOREA BATATAS. Dcne.

Igname de Chine. (Rhizôme de grand. nat.)

山药

Dioscorea spp.

山药和甘薯虽然都是富含淀粉的重要作物，但二者来源于不同的植物。一株山药的块根可达55千克。这两大类植物有很多不同的物种，但是通过人工栽培可供食用的种类在全世界只有12种，药用种类为7种。

山药类植物起源于侏罗纪时期，那是一个恐龙还在漫步的时代，整个地球由两块超级大陆劳亚古大陆和冈瓦那大陆构成。随着板块运动，大陆逐渐发展成我们现在所知的模样，山药也经历了千百万年的时间。由于超级大陆的分离，位于不同板块上的山药也开始在不同的区域和气候条件下演化。在东部沙漠形成之前，亚洲和非洲的山药可以互相杂交，不过随着沙漠的产生，基因隔离逐渐形成，各个物种沿着它们自己的轨迹发展。

考古学证据表明，人类利用山药有数千年的历史，不过记录并不详细。山药的大型块根在全球迅速扩散是在奴隶贸易时期，当时很可能是用作便于携带的根用蔬菜的。yam(山药)这个词据说来自于塞内加尔语中的动词"用来吃"。故事是这样发生的：一天，一些欧洲的奴隶主正在监视非洲奴隶挖取山药块根。出于好奇，奴隶主就问奴隶这种植物叫什么名字。而奴隶以为奴隶主询问的是他们挖的这种植物有什么用处，于是就回答说"nyami"(用来吃)。这样，yam(山药)这个词就产生了。

在非洲和亚洲的殖民地间穿梭的葡萄牙商人是山药得以在全世界运输、传播的关键。在远洋航行中，他们发现了携带山药的好处：山药含有丰富的维生素A、维生素C、蛋白质和矿物质，同其他食物相比，也更耐储存。当非洲奴隶来到美洲以后，他们见到了当地原产的甘薯，于是他们就用他们以前知道的名称来命名它——这种名称混淆一直延续至今。随着山药在全球的传播，这种作物也成为了发展中国家人们的主要食物。今天它们在47个国家被种植，主要都是撒哈拉以南的非洲国家。

山药根可治病的历史非常悠久，最早可追溯至中国古代。现在山药根的使用方法也可见于当代草药药典，人们相信它有助于治疗哮喘、消化和泌尿系统疾病。在某些激素治疗和类固醇治疗中，也会用到从墨西哥野生山药中提取的有效成分，这种尝试也为这种古老的植物根增添了新的现代药用价值。

对于尼日利亚的伊博人来说，山药的根是一种重要的产品，他们制作的雕刻品也刻画了为纪念山药丰收而举办的宗教仪式。

山药年代表						
公元前8000年，非洲和东南亚开始栽培山药。	约1588年，从非洲语言"nyami"(用来吃)产生了山药的葡萄牙名字"yam"。	1676年，非洲奴隶把甘薯也称为"山药"(yam)。	19世纪40年代，山药在爱尔兰大饥荒期间被引入欧洲。	20世纪50年代，草药学者在处方中使用山药根来治疗肠道疼痛。	20世纪60年代，墨西哥山药被用来制造激素和可的松。	2005年，山药产量达5360万吨，主要用作食物。

向光明进发

当然，摄影技术在今天的植物学研究中依然有很多应用。采集标本的时候如果不拍一张生境照片，那还真是闻所未闻。摄影技术还有助于精确统计一个植物群落里物种的数量和种类。通过外接神奇的电子显微镜，它还可以将复杂而迷人的微观世界以图像的形式展示出来。除此之外，它还极大地拓展了我们对植物生长影响机制的认知。

小约翰·纳什·奥特，这位于20世纪50年代从金融行业离职进入延时摄影这一新领域的银行家在《时代今日》节目上分享了他制作的花从绽放到凋谢的摄影片段。他还曾经使用多达20台摄像机为迪士尼纪录片《生命的秘密》进行类似的拍摄。延时摄影可以揭示植物的向光性（向着光源生长）、向地性（生长受地心引力影响）等特性，这些特性在植物中广泛存在，在郁金香等鲜切花植物中也有表现。延时摄影还可以让我们看到土壤里根的生长情况，了解它们是如何形成植物的根基的。在今天这个用计算机制作电影特效的时代，延时摄影等早期技术手段显得颇为低调，但是在半个世纪之前，它们还是极具革命意义的，令人眼界大开。

具有抗癌效果的热带雨林

早在20世纪50年代，热带雨林就已经被认为是寻找植物抗癌药的宝地。癌症研究人员瞄准了一种被称为马达加斯加长春花（*Catharanthus roseus*）的植物，该物种在马达加斯加本土医药中有非常重要的地位。在它的起源地以及其他热带地区，它都能自由生长，而且适应性良好。非洲、加勒比、巴哈马、中南美洲等地区的原住民使用这种植物治疗多种疾病，包括糖尿病、高血压、疟疾、哮喘和肺结核。

当美国研究者开始对它进行深入研究时，他们发现这种植物可以产生一系列具有细胞毒性的生物碱，进而抑制癌细胞的分裂过程（也能抑制正常细胞的分裂）。其中两种生物碱长春新碱（vincristine）和长春花碱（vinblastine）被有效应用在治疗多种癌症的化学疗法中，其中长春新碱用于治疗淋巴癌、白血病、乳腺癌和肺癌，长春花碱用于治疗霍奇金淋巴瘤。它们都有一个共同的前缀"vin-"，这是因为它们在植物学家发现其特质之前被划归为"*Vinca*"属，后来才被单独划出来，成立

> "植物已经为我们提供了大量的化合物，目前的问题是我们能否对这些化合物进行修饰以获得更多的衍生物。"
>
> ——沙拉·奥康纳，生物化学家，麻省理工学院，《新科学家》杂志，2009年

热带和亚热带物种（例如凤梨科植物）的根部向下延展，非常美观，因此家庭主妇们开始把盆栽植物看作时尚家居的必备元素。

"Catharanthus" 属。 尽管作了调整，但是 "periwinkle" 这个名字依然保留下来，作为这种植物的常用名。

这些发现也鼓励美国国家癌症中心在20世纪60年代开启了一项系统性植物收集和调查项目，这项事业也常被称为药学生物勘探。 通过这项首次聚焦温带地区的项目，抗癌复合物紫杉醇从一种小型的常绿林下植物太平洋紫杉（Taxus brevifolia）的树皮中被发现，这种植物分布于太平洋西北地区的湿冷森林中。紫杉醇以及其他从太平洋紫杉和英国紫杉（Taxus baccata）的叶片中提取的化合物，已经被证实对于某些癌症特别是卵巢癌和乳腺癌具有非常显著的疗效。

美国国家癌症中心在1982年曾暂停了植物调查项目，不过于1986年再次启动，新启动项目的主要探索区域是热带和亚热带地区。 最有希望的亚马孙雨林预计将有近50万个物种分布。不过不幸的是，这个270万平方千米的地区由于数十年来对资源的持续开发，正面临生态环境退化、物种不断减少的问题，未来发现突破性药物的机会也因此大大降低。

从一块古老的化石说起

1994年，澳大利亚的一位公园管理人员在悉尼西北方向90千米外的瓦勒迈国家公园蓝山峡谷中偶然发现了一个陌生的树种。 这种针叶树的发现震惊了整个植物学界，它被认为是在200万年前已经灭绝的瓦勒迈松（Wollemia nobilis）。

那些历经数世纪方积累下来的植物学文献里蕴藏了大量的珍宝，既能带来视觉上的享受，又能带来智力上的提升，只有那些不断翻阅它们的人才能获得这些馈赠。弗朗茨·鲍尔的《兰科植物图谱》作于19世纪30年代，描绘了花和种子的形成过程。

这种针叶较长的植物存在于200万年前的化石记录中，但是活体植物一直未被发现，在众多植物考察队的搜寻下一直隐藏了200年。继第一次发现之后，共有超过100棵成株在瓦勒迈被确认，人们正在努力研究其特性以便成功繁殖它们。

首批面向公众拍卖的瓦勒迈松幼苗于2005年10月通过苏富比拍卖行在悉尼进行拍卖。292株幼苗全部售罄，带来了超过100万澳元的收入，其收益全部用于植物研究和保护事业。从那时起，瓦勒迈松成为了一个明星树种，是世界各大植物园争相拥有的"必备品"。

在英国皇家植物园，瓦勒迈松的活体标本在公开展示时被放置于栅栏后面的一个造型奇特的金属笼子里，目的是避免被盗。目前这种植物活化石经过多次繁育，已经发展出一大批拥趸，特别是澳大利亚的园艺爱好者，它们常被作为礼物送给过生日的长者。

植物伊甸园

对于英国皇家植物园的参观者来说，他们非常幸运，因为英国皇家植物园收集的大部分植物都没有被"关"起来。它们被种植在室内室外，大家都可以看到，如花坛里、树丛中、空地上、河谷里、玻璃暖房和温室里。21世纪，植物园的作用并不比它们最初建立时弱。要说作用更强的话，那就是植物园通过影响公众和传播藏品的方式保护了这个星球的植物多样性，

即使那些看上去就早已过时的文献，比如出版于1563年的英国第一本植物志《园艺迷宫》，也依然在向我们诉说着植物世界古老而又迷人的故事。

Peint d'après nature par M.ᵐᵉ Bertha Hoola van Nooten à Batavia.   Chromolith. de P. Depannemaeker à Ledeberg lez Gand (Belgique)

THEOBROMA CACAO

可可

Theobroma cacao

可可这个名字在拉丁语中的意思是"上帝的美食"，很少有食物能像巧克力（原料为可可）那样给人们带来如此美妙的味觉享受。今天，可可被加工成各种形式：巧克力棒、巧克力糖浆、冰激凌和蛋糕，价格亲民，而且方便易得。不过一开始，巧克力只是被做成饮料，一种又苦又辣的饮料。它的制作过程繁复冗长，包括发酵种荚、烘烤种子、趁热研磨（以便去掉脂肪），所以只有富人才能享用它们。可可原产于中美洲，如今已经遍布全世界，大约450万座农场在种植这种植物和生产各种巧克力制品。

玛雅人、托尔特克人和阿兹台克人被认为具有超过3000年的可可种植经验。根据墨西哥传说，可可树是由身为主神之一的羽蛇神带至人间的。当时，人们把可可制成名为Xocoatl的微苦饮料，还常常在里面加入辣椒、香料、蜂蜜、香草甚至玉米。墨西哥南部的玛雅人把可可豆作为流通货币使用，当时用10粒可可豆可以买一只兔子，100粒就可以买1个奴隶。巧克力饮品也是阿兹台克皇帝蒙特祖玛最喜欢的饮料之一，蒙特祖玛在荷南·科尔蒂斯抵达墨西哥时将这种饮品介绍给了他。科尔蒂斯在给西班牙国王的信中这样描述巧克力："此乃天赐佳酿，可以帮助人们增强抵抗力，对抗疲劳感。"

从阿兹台克时期的神圣饮品到1899年阿姆斯特丹孩童喜爱的美食，几个世纪以来可可满足了全世界人们的渴望。

不过当西班牙人第一次品尝巧克力的时候，他们觉得太苦了，于是在其中加入了糖。这个配方一直没有外传，保密了将近一个世纪。巧克力味道的秘密在1606年被意大利人发现，从此传遍整个欧洲，最终传到了美国，不过在此期间巧克力一直被当作饮料饮用。美国第一个巧克力制造商贝克来自马萨诸塞州的多尔切斯特，他把巧克力制成饼状，再把它放入滚水中制成饮料。1847年，英国公司Fry & Sons制造出了第一块可以直接食用的巧克力。较低的关税使得巧克力更容易得到，销量因此增加，不过这种情形只是暂时的。

瑞士企业家丹尼尔·彼得在巧克力中加入了牛奶，从而发明了牛奶巧克力。很快，他的家乡就因巧克力而闻名，尽管那里由于高寒的气候而没有任何可可树生长。时至今日，关于巧克力的创新依然在继续。21世纪，人们在泥土色的巧克力原料中又加入了辣椒、培根、蘑菇、芥末酱等其他成分，为这个古老的美食带来一些全新的尝试。

可可年代表						
1502年，克里斯托弗·哥伦布在第四次航行中将可可带回西班牙。	1519年，阿兹台克人用巧克力饮品款待西班牙征服者。	1660年，路易十四迎娶西班牙公主，巧克力开始在法国引起人们的注意。	1778年，可可树被引入荷属西印度群岛。	1853年，英国削减可可豆的进口关税。	1940年，美国士兵在第二次世界大战中使用巧克力棒作为口粮。	2005年，有机可可豆贸易额从2003年的1.71亿美元跃升至3.04亿美元。

松果菊
Echinacea purpurea

松果菊作为药用植物最早由美洲原住民开始使用，它既可外用治疗创伤和毒蛇咬伤，又可内服治疗咳嗽、消化系统不适、喉咙疼痛、牙疼甚至狂犬病，在所有植物中它的用途最为广泛。在现代草本药物中，松果菊主要用来缓解普通感冒、流行性感冒等上呼吸道感染症状。该植物被认为可以提高免疫力，通过它的消炎、抗菌、抗病毒和排毒作用帮助治愈疾病。

它们收集的植物被传播至世界上不同气候和环境条件的区域。在向公众进行生物多样性保护和气候变化教育方面，植物园也承担着重要的职责。

当然，艺术创作仍然是植物园的工作内容之一。虽然有些艺术家的名字并不在植物园工作人员名单里，例如植物插画家，但是他们依然可以通过合作的方式完成使命，他们的作品也会经常在植物园的美术馆里进行展出。其他类型的艺术品也是如此。2006年，超过100万人造访密苏里植物园，前来参观由美国玻璃艺术大师戴尔·奇休利设计的"花园主题"拼接安装活动。2009年夏季，英国皇家植物园举办了一次抽象派雕刻家亨利·摩尔的综合作品展。

植物园的图书馆和档案馆珍藏有大量珍贵的专业资料，现在也正努力采取多项措施让更多的公众接触到这些宝贵的藏品。例如，在一项名为"Botanicus"的计划中，密苏里植物园的工作人员已经将超过100万页的珍贵植物学著作和植物图片进行了数字化，并且允许公众免费获取。这也是这座具有150多年历史的机构提供的又一项新业务。

这是一个小小的花花世界

作为鲜花消费者，全世界的人们已经习惯于在全年任何时候获得他们想要的任何东西，就像他们想随时吃到所有想吃的食物一样。由17世纪引发郁金香狂潮的国家来经营世界上最大的鲜花拍卖生意看上去似乎再合适不过了。

在可能是世界上最繁忙的交易市场上，位于阿姆斯特丹郊区的阿尔斯梅尔鲜花拍卖市场每天的交易量多达2000万支鲜花和500万棵植物。这座面积接近100万平方米的交易市场主导着70%的鲜花国际贸易，从业人员达12000人。涉及种植户、买家、卖家以及批发商的高科技拍卖系统平均每5秒即可处理一单报价。

来自肯尼亚、埃塞俄比亚、土耳其和荷兰本地的鲜切花以及德国和丹麦的盆栽花卉每天只要稍一露面就被运往其他地区了。任何产地的鲜花通常不出48小时就可以准确到达世界上任何一个目的地，大多都通过阿姆斯特丹的史基浦国际机场中转，此地距离阿尔斯梅尔花市不远。

现代医学家重新发现了那些为古人熟知的植物的价值，比如生活在北美的紫锥花属植物的根和叶子（对页图）以及生活在亚洲的银杏的干制叶片（左图）。

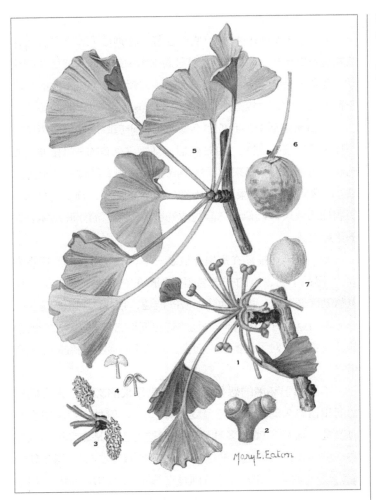

正在发生的事

21世纪初期，我们正积极地调整我们和植物之间的关系。在很多方面，我们又重新沿着过去的方法去实践，让植物生存下来，继续它们的进化之路。

我们现在赖以生存的、依靠工业化种植单一作物的生产模式将会慢慢地让路于过去那种多种作物复合栽种的模式。 我们将不再栽培那些经过基因改造的作物，而是选用那些被称为地方性品种的植物品系，后者在孕育出它的土地上生长得更好。得益于那些自发建立起来的种子库，很多祖传下来的品种（株系至少满50年，天然授粉，从未杂化）被收集、保存了下来，其成果可以同现在以及未来那些志趣相投的种植者们一同

银杏
Ginkgo biloba

作为银杏属唯一幸存下来的物种，银杏树被看作活化石。它的起源可追溯至2250万年前的古生代，当时正值恐龙繁盛时期，哺乳动物尚未出现。银杏叶提取物目前广泛用于改善认知功能，对于改善50岁以上人群的注意力和记忆力也具有一定的功效。

"植物构成生命的基础。通过神奇的光合作用，阳光中的能量被转化成人类所需的物质——食品、衣物、住所、燃料、香水、药品以及不得不提的氧气。"

——彼得·汉·雷文，密苏里植物园园长，2009年

植物艺术青春永驻：近代艺术家杰拉德·西贝利厄斯继18世纪水彩画《厚叶黄花树》：一种新几内亚树木》之后创造了非常精致的墨水涂染雕刻艺术。对页图：约瑟夫·帕克斯顿在1851年出版的《花园》一书中加入了雅致的羊皮牡丹，现今西方栽种的所有庭院牡丹都起源自这种来自中国的牡丹品种。

分享。

我们参观访问植物园，它们已经快速地成为保存世界各地植物遗产的宝库。我们加入邻居周末组织的拔除入侵植物的活动，例如拔除英国常春藤和日本忍冬的藤蔓，如果不及时加以干预的话，它们会侵害那些自然生长的美丽的本土植物。

在日常生活中，我们也会像中世纪修道院的僧侣使用草药一样来使用某些植物。打开药柜，环视陈列着的一排排非处方药和处方药（很多都来源于植物或在其基础上经过分子加工制成），我们会发现松果菊可以缓解头伤风的症状，洋甘菊具有舒缓病痛的效果，疑似水飞蓟提取物被兽医用于治疗肝功能衰退的年迈犬类。

我们甚至可能还在那里存放了一根含73%可可的黑巧克力棒。得益于它含有的一类名叫黄酮醇的化合物，黑巧克力可以帮助降低血压，提高动脉血液的流速，所以人们相信每天吃一块黑巧克力对身体大有益处。这也促进它成为了一种新的美味健康食品，对于大多数人而言，可以用一种更愉悦的方式食用它。

不过由于环境的恶化和气候变化带来的影响，人类同植物间和谐悠久的关系也变得岌岌可危。尽管林奈耗尽毕生心血鉴定、区分了9000多种植物，但这也仅仅是浩瀚植物世界的一小部分，目前已知的植物总数在40万种左右。遇到新的植物物种其实并不罕见，特别是在热带地区的森林里。但是由于栖息地破坏和退化，很多物种甚至尚未被人类了解就已经灭绝了。

尽管经历了很多讨论过程，但是我们究竟要沿什么方向、在多长时间范围内发展现在依然还不明确。不过，且不说植物为我们带来健康和食物，单说它们给我们带来的愉悦——它们的美、它们的复杂性以及它们的友好，我们就必须达成一个全球性的解决方案，去创造一个更健康、更多样性的植物世界。它们是我们存在的根本，也是人类未来生存的依靠。

延伸阅读

Aitken, Richard. *Botanical Riches: Stories of Botanical Exploration.* Aldershot, U.K.: Lund Humphries, 2006.

Attenborough, David. *The Private Life of Plants.* Princeton, N.J.: Princeton University Press, 1995.

————, Susan Owens, Martin Clayton, and Rea Alexandratos. *Amazing Rare Things: The Art of Natural History in the Age of Discovery.* New Haven, Conn.: Yale University Press, 2007.

Barth, Friedrich G. *Insects and Flowers: The Biology of a Partnership,* M. A. Biederman-Thorson, trans. Princeton, N.J.: Princeton University Press, 1991.

Camp, Wendell H., Victor R. Boswell, and John R. Magness. *The World in Your Garden.* Washington, D.C.: National Geographic Society, 1957.

Desmond, Ray. *Great Natural History Books and Their Creators.* London and New Castle, Del.: British Library and Oak Knoll Press, 2003.

Elliott, Brent. *Flora: An Illustrated History of the Garden Flower,* compact ed. Buffalo and Toronto: Firefly Books, 2003.

Fallen, Anne-Catherine. *A Botanic Garden for the Nation: The United States Botanic Garden.* Washington, D.C.: U.S. Government Printing Office, 2007.

Foster, Steven, and Rebecca L. Johnson. *National Geographic Desk Reference to Nature's Medicine.* Washington, D.C.: National Geographic Society, 2006.

Garland, Sarah. *The Herb Garden.* New York: Viking, 1984.

Gollner, Adam Leith. *The Fruit Hunters: A Story of Nature, Adventure, Commerce and Obsession.* New York: Scribner, 2008.

Gribbin, Mary, and John Gribbin. *Flower Hunters.* Oxford: Oxford University Press, 2008.

Grimshaw, John. *The Gardener's Atlas: The Origins, Discovery, and Cultivation of the World's Most Popular Garden Plants.* Buffalo: Firefly Books for National Home Gardening Club, 2005.

Gupton, Oscar W., and Fred C. Swope. *Wildflowers of the Shenandoah Valley and Blue Ridge Mountains.* Charlottesville: University Press of Virginia, 1979.

Hepper, F. Nigel, ed. *Plant Hunting for Kew.* London: Her Majesty's Stationer's Office, 1989.

Hillier, Malcolm. *Flowers.* London: Dorling Kindersley in association with the National Trust, 1991.

Hobhouse, Henry. *Seeds of Change: Five Plants That Transformed Mankind.* New York: Harper and Row, 1986.

Huxley, Robert, ed. *The Great Naturalists.* London: Thames and Hudson, 2007.

Knapp, Sandra. *Plant Discoveries: A Botanist's Voyage Through Plant Exploration.* Buffalo: Firefly Books, 2003.

McTigue, Bernard. *Nature Illustrated: Flowers, Plants, and Trees 1550-1900: From the Collections of The New York Public Library.* New York: Harry N. Abrams, 1989.

Minter, Sue. *The Apothecaries' Garden: A History of the Chelsea Physic Garden.* Gloucestershire, U.K.: Sutton Publishing, 2003.

Missouri Botanical Garden. *Missouri Botanical Garden: Green for 150 Years.* St. Louis: Missouri Botanical Garden, 2009.

Morton, Oliver. *Eating the Sun: How Plants Power the Planet.* New York: HarperCollins, 2008.

Paterson, Allen. *The Gardens at Kew.* London: Frances Lincoln, 2008.

Pavord, Anna. *The Naming of Names: The Search for Order in the World of Plants.* New York: Bloomsbury, 2005.

Pick, Nancy, and Mark Sloan. *The Rarest of the Rare: Stories Behind the Treasures of the Harvard Museum of Natural History.* New York: HarperResource, 2004.

Pollan, Michael. *The Botany of Desire: A Plant's-Eye View of the World.* New York: Random House, 2002.

————. *In Defense of Food: An Eater's Manifesto.* New York: Penguin, 2008.

————. *The Omnivore's Dilemma: A Natural History of Four Meals.* New York: Penguin, 2006.

Prance, Sir Ghillean, and Mark Nesbit, eds. *The Cultural History of Plants.* New York: Routledge, 2005.

Reveal, James L. *Gentle Conquest: The Botanical Discovery of North America with Illustrations from the Library of Congress.* Washington, D.C.: Starwood, 1992.

Rexer, Lyle, and Rachel Klein. *American Museum of Natural History: 125 Years of Expedition and Discovery.* New York: Harry N. Abrams, 1995.

Rice, Tony. *Voyages of Discovery: A Visual Celebration of Ten of the Greatest Natural History Expeditions.* London: Firefly Books, 2008.

Rix, Martyn. *The Art of the Plant World: The Great Botanical Illustrators and Their Work.* Woodstock, N.Y.: Overlook Press, 1981.

Schultes, Richard Evans, Albert Hofmann, and Christian Rätsch. *The Plants of the Gods: Their Sacred, Healing, and Hallucinogenic Powers,* 2nd ed. Rochester, Vt.: Healing Arts Press, 2001.

Swerdlow, Joel L. *Nature's Medicine: Plants That Heal.* Washington, D.C.: National Geographic Society, 2000.

Viola, Herman J., and Caroline Margolis, eds. *Seeds of Change: A Quincentennial Commemoration.* Washington, D.C.: Smithsonian Institution Press, 1991.

插图名录

Magazine (London, 1790).

第3章 探索（1650-1770）96-97: Primrose, between tabs. 7 and 8, John Lindley, *Collectanea botanica* (London, 1821-26). 98: Bird-of-paradise, n.p., Thornton, *The Temple of Flora*. 100: (Above) Pineapple, plate 36, M. E. Descourtilz, *Flore médicale des Antilles* (Paris, 1821-29); (below) Armadillo, page 232, Piso, *Historia naturalis Brasiliae*. 101: Butterflies and caterpillars, tab. I, James Edward Smith, *The natural history of the rarer lepidopterous insects of Georgia* (London, 1797). 103: Tab. XII & page 125, Robert Hooke, *Micrographia* (London, 1665). 104: Sweet pea, vol. 1, plate 60, Curtis, The Botanical *Magazine* (London, 1790). 105: (Left) Arum, N. 174, Weinmann, *Phytanthoza iconographia*; (right) African aloe, N. 45, Weinmann, *Phytanthoza iconographia*. 106: Tobacco, folio 34, John Frampton, *Joyfull newes out of the new-found worlde* (London, 1596). 107: Tobacco, plate 146, Blackwell, *A curious herbal*. 109: Cedar of Lebanon, plate LX, Ehret, *Plantae selectae*. 110: Passionflower, plate XXI, Maria Sibylla Merian, *Metamorphosis Insectorum Surinamensium* (Amsterdam, 1705). 112: China tea, plate 136, Köhler, *Medizinal-Pflanzen*. 113: Chinese symbol for tea. 114: Goatsucker, T. 8, Mark Catesby, *The Natural History of Carolina, Florida, and the Bahama Islands* (London, 1754). 115: Frog and pitcher plant, tab. LXX, Mark Catesby, *Piscium, serpentium, insectorum*. 116: Carolus Linaaeus, *Systema naturae* (Stockholm, 1735; facsimile edition, 1907). 117: Portrait of Carolus Linnaeus, n.p., Thornton, *The Temple of Flora*. 118: Arabica coffee, plate 106, Köhler, *Medizinal-Pflanzen*. 119: Coffeehouse, Mary Evans Picture Library/Alamy. 120: American ginseng, vol. 2, plate 45, Barton, *Vegetable materia medica of the United States*. 121: Chilean strawberry, vol. 1, plate 63, Curtis, *The Botanical Magazine* (London, 1790). 122: Grapefruit, page 190, Johann Christoph Volkamer, *Nürbergisches Herperides oder gründliche Beschreibung* (Nürnberg, 1708). 123: Passionflower, plate 59, James Ridgway, *The Botanical Register* (London, 1815-1828). 124: Guinea pepper, plate 129, Blackwell, *A curious herbal*. 125: Pepper, page 425, Fuchs, *Plantarum effigies*. 126-127: Magnolia, plates LXII and LXIII, Ehret, *Plantae selectae*. 128: Cactus, plate 68, Descourtilz, *Flore médicale des Antilles*. 129: Experiment, page 42, Stephen Hales, *Vegetable Staticks* (London, 1727). 130: Red cinchona, tab. XI, Hermann Karsten, *Florae Columbiae* (Berlin, 1858-1869). 131: Mosquito, page 257, Piso, *Historia naturalis Brasiliae*. 133: Crown flower, plate 58, Ridgway, *The Botanical Register*. 135: Turk's-cap lily, table XI, Ehret, *Plantae selectae*.

第4章 启蒙（1770-1840）136-137: Amaryllis, plate 4, Bury, *A selection of Hexandrian plants*. 138: Title page, John Sibthorp, *Flora Graeca Sibthorpiana* (England, 1806). 140: Foxglove, plate 27, P.-J. Redouté, *La botanique de J. J. Rousseau* (Paris, 1805). 141: (Above) garden design, n.p., Michel le Bouteux, *Plans et dessins nouveaux de jardinage* (Paris, 17--?); (below) Hummingbird, n.p., Thornton, *The Temple of Flora*. 142: (Left) *Castanospermum australe*, plate 80, Joseph Banks and Daniel Solander, *Illustrations of Australian plants collected in 1770* (London, 1900-1905); (right) *Banksia serrata*, plate 270, Banks and Solander, *Illustrations of Australian plants*. 143: *Banksia occidentalis*, plate 35, John Lindley and Joseph Paxton, *Paxton's Flower Garden* (London, 1850-53). 144: Justicia, vol. 62, plate 3383, *Curtis's Botanical Magazine* (London, 1835).

146: Tomato, Blackwell, *A curious herbal*. 147: Tomato label, Library of Congress, LC-USZC4-3606. 148: Portrait of William Curtis, vol. 1, frontispiece, Curtis, *The Botanical Magazine* (London, 1790). 149: Andromeda, Carl Peter Thunberg, *Flora iaponica* (Leipzig, 1784). 150: Hyacinth and facing page, n.p., Thornton, *The Temple of Flora*. 151: Frontispiece, Robert John Thornton, *New illustration of the sexual system of Carolus von Linnaeus, and the Temple of Flora* (London, 1807). 152: Roses, n.p., Thornton, *The Temple of Flora* (London, 1807). 153: Sulfur rose, tab. IX, John Lindley, *Rosarum monographia, or, A botanical history of roses* (London, 1820). 154: *Lewisia*, vol. 89, plate 5395, Curtis, *Curtis's Botanical Magazine* (London, 1863). 155: *Clarkia*, vol. 56, plate 2918, Curtis, *Curtis's Botanical Magazine* (London, 1829). 156: Coconut palm, vol. 1, tab. T, Karl Friedrich Philipp von Martius, *Historia naturalis palmarum* (Leipzig, 1823-1850). 157: Medinilla, plate 12, Lindley and Paxton, *Paxton's Flower Garden*. 158: Grapes, plate 57, William Woodville, *Medical Botany containing systematic and general descriptions, with plates, of all the medicinal plants, indigenous and exotic, comprehended in the catalogues of the materia medica* (London, 1832). 159: Grape harvest, page 388, Bock, *Kreüter Buch*. 160: Lance-leaved lily, plate 36, Henry John Elwes, *A monograph of the genus Lilium* (London, [1877]-1880). 161: Tiger lily in urn, endpiece, Bury, *A selection of Hexandrian plants*. 162: Spleenwort fern collected in Chile by Charles Darwin, Missouri Botanical Garden herbarium, 164: Cotton, plate 28, Robert Wight, *Illustrations of Indian botany* (Madras, 1840-1850). 165: In the cotton field, Library of Congress, LC-USZC4-2528. 166: (Left) Calochortus, vol. 106, plate 6527, *Curtis's botanical magazine;* (right) Penstemon, vol. 14, plate 1132, *Curtis's botanical magazine* (London, 1828). 167: Douglas fir, *Mitteilungen der Deutschen dendrologischen gesellschaft* (Wendisch-Wilmersdorf, Germany, 1892-1912). 168: (Left) *Stapelia* cactus, vol. 40, no. 1661, Curtis, *Curtis's Botanical Magazine* (London, 1814); (center) *Cereus minimus*, vol. 2, plate 354, Weinmann, *Phytanthoza iconographia;* (right) Blooming cactus, plate 36, Aimé Bonpland, *Description des plantes rares cultivées à Malmaison et à Navarre* (Paris, 1812-17). 169: African sedum, vol. 4, plate 911, Weinmann, *Phytanthoza iconographia*. 170: Apple, Blackwell, *A curious herbal* . 171: Adam and Eve, Library of Congress, LC-USZ62-93923. 172: Chrysanthemum, between page 152 and 153, George Nicholson, *The Illustrated Dictionary of Gardening* (London, 1884-88). 174: Pansy, vol. 1, plate 26, Charles Lemaire, *L'illustration horticole* (Ghent, 1854). 175: Bouquet, plate 127, Redouté, *Choix des plus belles fleurs*.

第5章 帝国（1840-1900）176-177: Bristlecone fir, vol 1, plate 5, Lemaire, *L'illustration horticole*. 178: Azalea, vol. 1, plate 8, Lemaire, *L'illustration horticole*. 180: Luna moth, tab. XLVIII, Smith, *The natural history of the rarer lepidopterous insects of Georgia*. 181: (Above) The Crystal Palace, Library of Congress, LC-USZC4-2906; (below) Caladium, n.p., Hoola van Nooten, *Fleurs, fruits et feuillages choisis de l'ille de Java*. 183: Gloxinia, plate 16, Lemaire, *L'illustration horticole*. 184: Blackberry, vol. 2, plate 39, Barton, *Vegetable materia medica of the United States*. 185: Sequoia, vol. 1, between pages 18 and 19, Lemaire, *L'illustration horticole*. 186: *Cannabis*, plate XV, Hamilton, *The flora homoeopathica*. 187: Making hemp twine, North Wind Picture Archives/Alamy. 188: Star magnolia, vol. 104, tab. 6370, *Curtis's Botanical Magazine*

(London, 1878). 189: Japanese woman with iris, Library of Congress, LC-DIG-jpd-00887. 190: Rhododendron, tab. XXVI, Joseph Dalton Hooker, *The Rhododendrons of Sikkim-Himalaya* (London, 1849-1851). 191: Himalayan scene, tab. 1, Hooker, *Rhododendrons of Sikkim-Himalaya*. 192: Rubber, plate 8, Köhler, *Medizinal-Pflanzen*. 193: Harvesting latex, Mary Evans Picture Library/Alamy. 194: Clematis, page 1, Wight, *Illlustrations of Indian botany*. 195: Crape myrtle, page 88, Wight, *Illustrations of Indian botany*. 196: African violet, vol. 121, tab. 7408, Curtis, *Curtis's Botanical Magazine* (London, 1895). 197: Impatiens, vol. 108, tab. 6643, Curtis, *Curtis's Botanical Magazine* (London, 1882). 198: Potato and jimsonweed, plate 70, Friedrich Losch, *Les plantes médicinales* (Paris, 1906). 199: Potato, Gerard, *The herball*. 201: Cup-and-saucer vine, tab. 87, Nicolai Josephi Jacquin, *Fragmenta botanica, figuris coloratis illustrata* (Vienna, 1809). 202-203: Victoria water lily, vol. 73, plates 4275 and 4276, Curtis, *Curtis's Botanical Magazine* (London, 1847). 204: Opium poppy, vol. 1, plate 37, Köhler, *Medizinal-Pflanzen*. 205: Pharmaceutical jar, Archives Charmet/The Bridgeman Art Library. 206: (Top) Henry Shaw's garden, Missouri Botanical Garden Library Collection; (bottom) copies of Shaw, *Vine and Civilisation*, from the Missouri Botanical Garden Library Collection. 207: Henry Shaw, from the Missouri Botanical Garden Library Collection. 208: Greenhouse, vol. 1, pages 120-121, Lemaire, *L'illustration horticole*. 209: Rock garden, vol. 1, pages 76-77, Lemaire, *L'illustration horticole*. 210: Handsome lady's slipper, 2nd series, plate XXIV, Robert Warner, *Select orchidaceous plants* (London, 1865-1875). 211: Half-title page, John Lindley, *Sertum orchidaceum* (London, 1838). 212: Title page, J. J. Grandville, *Les fleurs animées* (Paris, 184?). 213: (left) Dahlia, after page 8, Grandville, *Les fleurs animées;* (right) Jasmine, after page 30, Grandville, *Les fleurs animées*. 215: Fern, plate XLIV, John Lindley, *The Ferns of Great Britain and Ireland* (London, 1855).

第6章 科学（1900至今）216-217: Poppy, between Tab. 23 and Tab. 24, Lindley, *Collectanea botanica*. 218: Thistle ball, vol. 13, issue 37, Johann Theodor Bayer, Flora *Danica* (Copenhagen, 1836). 220: (Top) Mushrooms, plate 8, Gyula Istvánffy, *Etudes et commentaires sur le code de L'Escluse* (Budapest, 1900); (bottom) Seed magazine, Library of Congress, LC-USZC4-1993. 221: Ivory-billed woodpecker, tab. 16, Catesby, *The Natural History of Carolina, Florida, and the Bahama Islands*. 222: Cherry trees in Washington, D.C., 1918, Library of Congress, LC-USZC4-11095. 223: Sargent cherry, vol. 137, tab. 8411, Curtis, *Curtis's Botanical Magazine* (London, 1911). 225: Peanut, plate 42, Köhler, *Medizinal-Pflanzen*. 226: Bamboo, vol. 100, plate 6079, Curtis, *Curtis's Botanical Magazine* (London, 1874). 227: Uprooting bamboo, Library of Congress, LC-DIG-jpd-02132. 228: Poinsettia, vol. 63, plate 3493, Curtis, *Curtis's Botanical Magazine* (London, 1836). 229: Partridgeberry, tab. 15, Barton, *Vegetable materia medica of the United States*. 230: American chestnut, plate 6, François André-Michaux, *Histoire des arbres forestiers de l'Amérique Septentrionale* (Paris, 1810-13). 231: Gypsy moth, plate 1, n.p., Massachusetts State Board of Agriculture, *Report of the State board of agriculture on the work of extermination of the gypsy moth* (Boston, 1893). 232: Yam, series 1, vol. 10, tab. 971, Charles Lemaire, *Flore des serres et des jardins de l'Europe* (Ghent, 1845-1880). 233: Nigerian harvest altar, Trustees of the British Museum/Art Resource, New York. 235: Bromeliad, vol. 7, plate 396, Redouté, *Les liliacées*. 236: Franz Andreas Bauer, *Illustrations of Orchidaceous Plants* (London, 1830-1838). 237: Hill, *The Gardener's Labyrinth* (London, 1586). 238: Cacao, Hoola van Nooten, *Fleurs, fruits et feuillages choisis*. 239: Cocoa label, Library of Congress, LC-DIG-ppmsca-10088. 240: Echinacea, vol. I, plate 2, Curtis, *The Botanical Magazine* (London, 1790). 241: Ginkgo, Addisonia, vol. 11, plate 362 (New York, 1926). 243: *Dillenia*, plate 1, *Bank's Florilegium*, Alecto Historical Editions, London, UK/ The Bridgeman Art Library. 244-245: Mouton peony, plate 20, Lindley and Paxton, *Paxton's Flower Garden*.

索引

注：粗体表示引自插图。

关于密苏里植物园及其收藏品

得益于亨利·肖和他的科学顾问（植物学家、内科医生乔治·恩格尔曼）长远的眼光，密苏里植物园拥有了一个充满活力的科研计划，并收集了大量的藏品来支持科学研究的进行。 1856年，密苏里植物园的图书馆上架了第一批图书，标本馆也购买了第一批干燥的植物标本。 如今，这座标本馆已经拥有600多万份植物标本，图书馆也已拥有20多万册文献，最早的版本印刷于1474年。 这些藏品对于我们描述、命名、划分地球上的植物种类必不可少。

尽管300年来成千上万的科学家不断努力工作，但一份完整涵盖地球上所有植物的名单至今依然没能问世，哪怕一份接近完整的名单也没有。 与哺乳动物和鸟类不同（关于它们的新发现总是能成为头条新闻），新植物的发现每天都在发生。 这主要是由于这两类生物的规模不同，全球鸟类总计约1万种，而植物种类估计超过38万种。 在为地球上多种多样的植物进行鉴别、描述和命名的工作中，密苏里植物园是一支非常活跃的力量。 为了同日渐丧失的生物多样性赛跑，我们对热带森林进行了探索，去寻找新的药物以及其他我们目前尚不知晓的物质。 我们现在比以前更迫切地需要知道该怎样好好利用和保护宝贵的植物资源。 我们的图书馆和标本馆正是实现这一目的必不可少的工具，标本馆用标本的形式保留了一部分生物多样性样本，图书馆将人类历经数世纪观察、研究植物的成果保存了下来。

尽管植物学仍然深深根植于科学研究的范畴之中，不过我们今天已借助于最新的技术将3个世纪以来的研究成果一同分享给全球的读者。 对植物标本进行扫描，信息录入数据库后，通过互联网就可以看到它们。 很多植物学的核心文献也同样上传至互联网，任何有研究需要或哪怕仅出于好奇的人都可以上网浏览。 这种使用方式在过去是完全不可能的。 技术的进步和公众意识的觉醒，使得一些项目（比如"谷歌图书"）成为可能，这也完全转变了植物学的研究和传播方式。

本书的创作灵感和撰写正是得益于这些如今可以在线获取的成千上万的藏品。 在数年前，作者和图片研究人员还需要在图书馆里花费数月的时间手动检索藏品。 他们现在只需要在自己的计算机前舒舒服服地搜索、浏览藏品就可以了，本书的读者也一样可以。 可获取的数字化书籍不仅包含密苏里植物园所收藏的部分，不少北美和英国的主要自然历史图书馆的藏品也包含在内。 这项史无前例的壮举把众多图书馆团结在一起，将人类在生物多样性领域积累下来的知识从图书馆书库的形式转变为互联网信息自由流通的方式。

——道格拉斯·霍兰德，图书管理员

参编人员

凯瑟琳·赫伯特·豪威尔是一位自由撰稿人，曾为美国国家地理学会撰写过多本博物学图书，包括《后院的荒野》《山地生命》以及"自然文库系列"中的4册图书。 她还对其他十几本图书有所贡献，其中包括《全球人类》《亚特兰大探险》《好奇的植物学家》。 她拥有弗吉尼亚大学人类学硕士学位，以富布赖特访问学者的身份在印度指导野外实地考察，在纽约同印度移民一同工作。 作为一名充满热情（也非常业余）的园丁，她也非常乐于参观公园和植物园，特别是在她同家人一起访问大不列颠群岛时。

彼得·汉·雷文博士是世界顶级的植物学家、生物多样性保育的倡导者，担任密苏里植物园园长长达38年。 《时代周刊》于1999年赋予他"英雄"称号。 雷文教授也是《中国植物志》英文版的联合编辑之一，该植物志为国际合作项目，超过50卷，共描述植物31500种。 他还是《植物生物学》的联合作者之一，该教材非常受欢迎，已经出版至第17版了。 雷文博士还是美国国家地理学会的受托人之一，并担任研究与探索委员会主席。

道格拉斯·霍兰德是密苏里植物园图书馆馆长，从1994起开始在密苏里植物园工作，起初任职于园艺部门，后来在标本馆做了3年助理，从事案卷管理有4年的时间。

图书在版编目（CIP）数据

植物传奇：改变世界的27种植物 / （美）凯瑟琳·
赫伯特·豪威尔著；明冠华，李春丽译. -- 北京：人
民邮电出版社，2018.1
ISBN 978-7-115-46645-7

Ⅰ. ①植… Ⅱ. ①凯… ②明… ③李… Ⅲ. ①植物—
普及读物 Ⅳ. ①Q94-49

中国版本图书馆CIP数据核字(2017)第270711号

◆ 著　　　[美]凯瑟琳·赫伯特·豪威尔
　　　　　（Catherine Herbert Howell）
　作　序　[美]彼得·汉·雷文
　　　　　（Peter H. Raven）
　译　　　明冠华　李春丽
　审　校　刘全儒
　责任编辑　刘　朋
　责任印制　陈　犇
◆ 人民邮电出版社出版发行　北京市丰台区成寿寺路 11 号
　邮编　100164　电子邮件　315@ptpress.com.cn
　网址　http://www.ptpress.com.cn
　北京捷迅佳彩印刷有限公司印刷
◆ 开本：690×970　1/16
　印张：16　　　　　　　　　2018 年 1 月第 1 版
　字数：308 千字　　　　　　2025 年 2 月北京第 13 次印刷
　　　著作权合同登记号　图字：01-2016-2853 号
　　　　　　　定价：75.00 元
读者服务热线：(010)81055410　印装质量热线：(010)81055316
反盗版热线：(010)81055315